"十四五"时期水利类专业重点建设教材

工程测量实践教程

主编　杨正丽　卢修元

中国水利水电出版社
www.waterpub.com.cn
·北京·

内 容 提 要

本书主要介绍工程测量实践教学的相关内容,旨在帮助学生巩固工程测量的理论知识,提高实践动手能力。本书主要内容包括工程测量实验基础知识、测量实验项目、工程测量综合实习等。

本书为满足开设工程测量课程的非测绘类专业对该课程的知识需求而编写,具有较宽的专业适应面,编写内容的组织突出了实用性、层次性、综合性,既有基本测绘技术与方法,又力求反映当前测量学科的最新技术。本书作为实践实训教材,配套《工程测量》理论教材使用,可作为高等院校工程测量课程的实践教材,也可作为高职、高专、自学考试、电大教学和职业技能培训等人员的实践性指导用书。

图书在版编目(CIP)数据

工程测量实践教程 / 杨正丽,卢修元主编. -- 北京:中国水利水电出版社,2023.4
"十四五"时期水利类专业重点建设教材
ISBN 978-7-5226-0936-2

Ⅰ. ①工… Ⅱ. ①杨… ②卢… Ⅲ. ①工程测量—高等学校—教材 Ⅳ. ①TB22

中国版本图书馆CIP数据核字(2022)第155191号

		"十四五"时期水利类专业重点建设教材
书 名		**工程测量实践教程** GONGCHENG CELIANG SHIJIAN JIAOCHENG
作 者		主编 杨正丽 卢修元
出版发行		中国水利水电出版社 (北京市海淀区玉渊潭南路1号D座 100038) 网址:www.waterpub.com.cn E-mail:sales@mwr.gov.cn 电话:(010)68545888(营销中心)
经 售		北京科水图书销售有限公司 电话:(010)68545874、63202643 全国各地新华书店和相关出版物销售网点
排 版		中国水利水电出版社微机排版中心
印 刷		清淞永业(天津)印刷有限公司
规 格		184mm×260mm 16开本 13.75印张 335千字
版 次		2023年4月第1版 2023年4月第1次印刷
印 数		0001—2000册
定 价		**42.00元**

前　言

　　近年来，随着测量技术的不断进步，工程测量工作中的数据采集与分析发生了革命性的变革，普通高校的工程测量课程实验与实习的内容与所使用仪器应体现工程测量工作中的主流技术与仪器设备，新工科的建设对工程实践动手能力的培养也提出了新的要求。为使学生能够牢固掌握课堂所学理论知识，科学组织实验与实习内容，着力提升学生动手实践能力，使学生在校就能接受到当前最新测绘技术与仪器设备的使用训练，保证学生学以致用，使学生在岗位上尽快上手，编写一本面向非测绘工程本科生的实验教材《工程测量实践教程》，加强对学生动手能力、创新能力、分析问题及解决问题能力的培养是十分有必要的。

　　本书是在总结多年测量教学经验的基础上，按照工程测量课程教学大纲的要求编写而成。本书分三章，第一章为工程测量实验基础知识，主要介绍了进行工程测量工作的一般规定；第二章为测量实验项目，考虑到各个专业和各个学校的教学要求不同，设计了 25 项实验，教学中可根据实际情况选择组合使用，每个实验内均有测量记录的练习用表，便于学生在实验过程中即时记录；实验内容后面的实验报告，可满足学生现场记录、内业处理、实验总结等；第三章为工程测量综合实习，面向不同专业的测量实习内容，设计了 3 项综合实习内容，以供选择使用。

　　本书由四川大学杨正丽和四川农业大学卢修元担任主编，四川农业大学吴敬花、四川大学鲁恒、四川农业大学赵江涛和四川农业大学胡建担任副主编。各章节分工为：西南交通大学杨骏编写第一章，四川农业大学赵江涛编写第二章的实验 2-1～2-4，四川农业大学吴敬花编写第二章的实验 2-5～2-7，四川农业大学胡建编写第二章的实验 2-8～2-12，四川农业大学王丽峰编写第二章的实验 2-13～2-15，四川农业大学霍苗编写第二章的实验 2-16～2-17，四川大学鲁恒编写第二章的实验 2-18～2-20，四川农业大学卢修元编写第二章的实验 2-21～2-25，四川大学杨正丽编写第三章。本书由杨正丽和卢修元共同统稿。本书的编写得到了航天建筑设计研究院有限公司李国鸿和康鹏、南方测绘仪器有限公司袁明亮、四川拓佳丰圣科技有限公司郭方艳和杨凌职业技术学院夏鹏飞的大力支持，同时还参阅了许多参考文献，在此一并表示感谢。

由于作者水平和编写时间有限，书中难免有疏漏和不足之处，恳请广大读者批评指正，以便再版时修订参考。

编者

2022 年 8 月

目　录

第一章　工程测量实验基础知识

　　工程测量是水利类、建筑类、土木类等多个学科的专业基础课程，理论教学、实验教学和实践教学共同构成了该课程完整的教学环节。教学中坚持理论与实践的紧密结合，强化测量仪器的操作应用和动手实践训练，有助于学生更好掌握工程测量的基本原理、知识。工程测量本身就是一门实践性很强的课程，对非测绘类专业的学生而言，用人单位往往更看重学生对测量仪器的实际动手操作能力。通过实验、实习环节的教学训练，可以让学生更全面了解测量仪器的构成和原理，更熟练掌握测量仪器的操作方法，进一步深入理解和掌握工程测量的基本理论、基本方法，为实际的测量工作打下坚实基础。通过实验、实习，可以进一步提高学生的实操能力，培养、锻炼学生的组织能力、实验设计能力及分工协作和创新精神。

第一节　测量实验目的与要求

一、实验目的

1. 培养和提高学生的工程测量技能

　　要求学生全面掌握水准仪、全站仪、RTK 等常用测量仪器的使用；熟练掌握高程测量、角度测量、距离测量的方法和要求；熟练掌握测量数据处理方法和测量成果的评定方法；能对影响测量成果精度的因素进行分析，并能采取正确的消减误差的方法。

2. 培养和提高学生的科学实验能力

　　通过实验，让学生正确理解实验原理、明确实验步骤；能够认真、严谨地按实验步骤进行实验操作；能够自行设计并完成具有一定创新性的实验项目。

3. 培养和提高学生的科学实验素养

　　通过实验学习，培养学生理论联系实际和实事求是的科学作风，严肃认真的工作态度，主动探索精神和遵守纪律、爱护公物的良好品德。通过实践训练，提高学生自我管理、独立学习的能力和团结协作的精神。

二、实验要求

　　（1）实验过程中的仪器操作、数据记录等以本实践教程为参考，实验操作要结合实验仪器说明书、理论课教材上的内容进行，实验中要保护好仪器设备。

　　（2）每次实验前，要根据拟进行的实验内容撰写实验预习报告。实验预习报告根据拟进行的实验内容、课堂上讲授的知识、实践教程，自己独立思考完成该实验所需要的器材、实验的操作步骤、施测的数据、施测方法、影响实验精度的因素、可采取提高测量精度的措施，做到实验课前完成预习报告。

　　（3）实验课中，学生应先听取教师对该次实验内容、要求、操作的讲解、示范，分析自己撰写的预习报告的不足或错误之处。实验过程中严格按仪器使用要求进行操作，爱护仪器，轻拿轻放；初次实验，未经教师讲解、演示，不得擅自架设仪器进行操作，以免损坏仪器。如实验过程中仪器出现异常，应立即向指导教师报告，严禁私自处理；注意保管仪器，注意仪器及人身安全，防止事故发生。

（4）实验过程中各位同学要轮流操作，确保每人都得到动手锻炼的机会。工程测量工作应团队协作完成，不要个人追求单独完成实验；同学之间要团结协作、相互学习。小组成员间应密切配合，确保实验任务顺利完成。

（5）实验记录是实验成果的重要凭据（在实际的工程勘测工作中是重要的原始资料），务必做好实验记录。实验记录一律用2H铅笔，原始记录不得用橡皮擦涂改。测量过程中，记录者应当先复诵一遍测量人员报的测量数据，无误后才记录，以免读错、听错和记错。

（6）记录要求字迹工整清晰，不得潦草。记错时用笔划去，并在错误数据的上方写上正确数据。记录数据不得转抄、涂改，绝不能伪造测量数据。

（7）实验结果不能满足精度要求的，应立即重新测量。实验结果经指导教师检查合格后，实验方可结束。实验结束后，要认真清点仪器，将仪器清理干净，并将其正确放置到仪器箱中，注意取仪器前应观察仪器在仪器箱中的放置姿态；做好仪器的领取、使用、归还记录。每次实验完成后及时完成实验报告。

第二节　测量仪器使用的注意事项

测量仪器是贵重的精密光学、电子仪器，必须正确使用、精心爱护和科学保养，这是测量工作者应具备的基本素养，也是保证测量成果质量、提高工作效率和延长仪器设备寿命的必备条件。

1. 测量仪器、工具的借领

以实验小组为单位到测量实验室领用实验仪器设备，实验前要按照各实验项目的要求检查仪器的型号、数量是否符合，仪器的附件是否齐全，如有缺损应及时进行补领或更换。

2. 测量仪器、工具的一般性检查

（1）仪器表面无碰伤、划痕、脱漆和锈蚀。

（2）仪器与三脚架连接稳固无松动，仪器转动灵活、平稳，仪器制动螺旋运转灵敏、有效，微动螺旋运转平稳。

（3）目镜调焦螺旋运转平稳有效，十字丝成像清晰。物镜调焦螺旋运转平稳有效，目标成像清晰。

（4）全站仪除进行上述检查外，还必须检查：电池电量是否充足；操作键各按键功能是否正常、反应是否灵敏；显示屏各种符号显示是否清晰、完整，对比度是否适当；测角、测距性能是否良好；配套的工具数量是否齐全、连接是否可靠；三脚架伸缩是否灵活自如，固定螺旋是否牢固可靠。

3. 测量仪器、工具的归还

实验结束后，应及时收装清点仪器、工具，送归测量实验室检查验收；缺少的附配件应及时查找，丢失的应赔偿。

4. 测量仪器的搬运

无论远近，贵重测量仪器都应放置在仪器箱里搬运。仪器搬运前应检查仪器箱是否关妥、背带和提手是否牢固；搬运仪器工具时，应轻拿轻放，避免剧烈振动和碰撞。运送仪器必须轻取轻放，仪器不可直接放在自行车上运送，以免剧烈振动。检查脚架和仪器是否相配，脚架各部分是否完好，要防止因脚架不牢而摔坏仪器，或因脚架不稳而影响作业生产。水准测量中，测站间迁站可不取下水准仪、将三脚架腿收拢抱着行走。每次迁站都要清点所有仪器、附件、器材，防止丢失。

5. 测量仪器的开箱和装箱

仪器箱应平放在地面上或其他台面上才能开箱，严禁托在手上或抱在怀里开箱，以免仪器从箱里掉出、摔坏；开箱后在未取出仪器前，应注意仪器在仪器箱中的姿态，仪器用毕装箱时要按照开箱时仪器的姿态放回仪器箱内。不论何种仪器，在取出前一定先松开制动螺旋，以免取出仪器时因旋转而损坏制动装置，甚至损坏轴系；取出仪器前，应先架设好三脚架；自箱内取出仪器时，应一手握住照准部支架，另一手扶住基座部分，轻拿轻放。

6. 测量仪器的架设

先将三脚架的架腿抽出、收拢在一起，不固定螺旋，使其大致与观测者的颈部同高，然后依次拧紧架腿上各螺旋，不可用力过猛而造成螺旋滑丝，也要避免因螺旋未拧紧使架腿自行收缩而摔坏仪器。在三脚架安放稳妥并将仪器放到三脚架架头上后，要立即将脚架头的螺杆旋进到仪器基座上的底孔并旋紧，预防因忘记连上螺杆而摔坏仪器。仪器安置之后，任何时候，仪器旁必须有人看管，做到"人不离仪器"，防止其他无关人员摆弄以及行人、车辆等碰撞仪器。自仪器箱内取出仪器后，要随即将仪器箱盖好，防止沙土、杂草、雨水进入仪器箱内。

7. 测量仪器的使用

实验过程中，要避免触摸仪器的物镜和目镜。转动仪器时，首先应松开制动螺旋，然后平稳转动。若仪器旋转手感有阻力时，不要使劲扳动，应查明原因。制动时，制动螺旋不能拧得太紧；使用微动螺旋时，应先旋紧制动螺旋，且松紧要适度，微动螺旋切勿旋至尽头，防止失灵；使用各种螺旋都应均匀用力，以免损伤螺纹。

8. 其他注意事项

测量仪器对防震要求较高，在运输过程中要放置在仪器箱内并做好防震措施。仪器及其附件要保持清洁、干燥；棱镜、透镜不得用手接触或用手巾等物擦拭。受潮的仪器要吹干后放置于阴凉处，在未干燥前不得装箱。电池、电缆线插头要对准插进，用力不能过猛，以免折断；在强烈的阳光下，要用伞遮住仪器，决不可把仪器的望远镜直接对向太阳。电池使用时要轻拿轻放，不得抛、投。

第三节　测量的记录与计算要求

测量记录资料是测量成果的原始数据，十分重要。为保证测量数据的真实、可靠，实

3

验、实习时要养成良好的行为习惯。测量工作对记录的要求如下：

（1）原始记录应直接填写在规定的表格上，不得转抄；更不得用零散纸张记录，再行转抄。

（2）观测者读出数据后，记录者必须将所听到的数据复诵一遍，观测者对复诵的值无异议后，记录者再记录，以防听错、记错。

（3）记录数据要完整。例如测角时的秒级、普通水准测量时的毫米级等都要记录完整，不可缺省位数。

（4）记录数据要整洁。记录表格上方表头里的各格内都已经标注好各测量的单位，在将测量数据记录到下方的单元格时，不需要再填写各测量单位，如（°）、（′）、（″）、m等符号就不用再出现在记录数据的单元格里。三、四等水准测量，要求在水准尺上读4位数，记录读数时，不需要再添加小数点。

（5）所有记录与计算均用2H铅笔。字体应端正清晰，大小应只稍大于空格高度的一半。在观测之前，应先将使用仪器的型号、编号、日期、天气、记录者、观测者和测站等已知数据填写齐全。

（6）禁止对测量记录的数据擦拭、涂改和挖补，发现错误应在错误处用横线划去，重测后将正确数字写在原数上方。对原记录的划去，应在备注栏内注明原因。

（7）对作废的观测记录，应划去后重测，要注明重测原因及重测结果记于何处。

（8）测量数值处理原则：在测量的数值处理中，由于数字的取舍而引起的误差，称为"凑整误差"，以 ε 表示。ε 的数值等于精确值 A 减去凑整值 a，即 $\varepsilon = A - a$。例如：某角度多个测回观测值的平均值为 $57°12'17.3''$，最后处理凑整为 $57°12'17''$，则这个平均值中含有的凑整误差为 $\varepsilon = 0.3''$。为避免凑整误差的迅速积累而影响测量成果的精度，在测量计算中规定了如下的数值处理规则，其与习惯上采用的"四舍五入"相类似又略有不同：

1）若数值中被舍去部分数值的第一位大于5，则所保留末位加1。

2）若数值中被舍去部分数值的第一位小于5，则所保留末位不变。

3）若数值中被舍去部分数值的第一位等于5，则所保留末位凑整为偶数。

这个凑整规则也可理解为：被舍去的第一位大于5者进，小于5者舍；正好是5者，前面一位是奇数时进，前面一位是偶数时舍，可简记为"四舍六入，奇进偶舍"。

第二章 测量实验项目

实验 2-1 水准仪的认识与使用

水准仪是提供一条水平视线、测定地面两点间高差的仪器,其基本作用是在水准测量中提供一条水平视线,照准水准尺并读取尺上的读数。

一、实验目的与意义

本实验的目的是认识水准仪的基本构造,熟悉主要部件的使用功能,掌握水准测量的基本操作步骤,经过实验后能进行高差测量。水准仪是测量工作中用得较多的仪器之一,在工程上用它来测量高程数据,掌握水准仪的使用是进行测量工作的基础,水准测量也是工程测量的基本工作。

二、实验任务

(1) 认识水准仪基本构造。

(2) 认识水准尺。

(3) 掌握尺垫的使用方法。

(4) 练习水准仪的正确安置、整平、瞄准、读数和高差计算。

三、实验内容

(一) 水准仪的分类

水准仪有三种:微倾式水准仪、自动安平水准仪和电子水准仪。通过调整水准仪上的微倾螺旋使水准管气泡居中以获得水平视线的水准仪称为微倾式水准仪;通过补偿器获得水平视线的水准仪称为自动安平水准仪。我国的水准仪系列一般有 DS_{05}、DS_1、DS_3 和 DS_{10} 几个等级,其中 "D" "S" 分别是 "大地测量" "水准仪" 汉语拼音的首字母,字母后数字表示使用该等级的水准仪进行施测,每千米水准路线的往返高差中数的中误差,以 mm 计。DS_{05}、DS_1 适用于精密水准测量,DS_3 适用于普通水准测量。自动安平水准仪的型号是在 DS 后面加上 Z,即 DSZ_{05}、DSZ_1、DSZ_3 和 DSZ_{10} 几个等级,目前工程建设中水准仪使用较多的是自动安平水准仪。

(二) 水准仪的构造

本实验以自动安平水准仪为例介绍水准仪的构造,如图 2-1 所示。水准测量过程中,要求水准仪提供的视线是水平的。自动安平水准仪能够在竖轴有一定的倾斜范围内,通过补偿器自动保证视线水平。水准仪由望远镜、水准器、基座三部分组成。

望远镜:用来提供视线,读取水准尺上的读数。

水准器:用于指示视线是否处于水平状态。自动安平水准仪只有圆水准器,若补偿器的功能正常,圆水准器里的气泡在小圆圈内,则水准仪提供的视线是水平的。

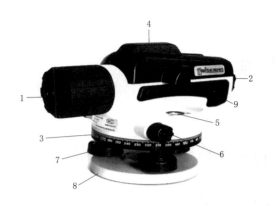

图 2-1 自动安平水准仪

1—物镜；2—目镜；3—刻度盘；4—光学瞄准镜；
5—圆水准器；6—水平微动螺旋；7—脚螺旋；
8—基座；9—水泡观测器

基座：通过脚架头的螺杆将仪器与脚架相连，它支撑仪器的上部并保障其能在水平方向转动。

（三）水准尺和尺垫

水准尺是水准测量使用的标尺，采用优质的木材、铝合金等材料制成。常用的水准尺有塔尺、折尺和双面水准尺三种。双面水准尺，尺长一般为 3m，两根尺为一对。双面水准尺的两面均有刻划，正面为黑白相间，称为黑面尺（也称主尺）；背面为红白相间，称为红面尺（也称辅尺）。两面刻划的一格均为 1cm，在分米段处注有分米数的数值。两根尺的黑面尺尺底均从零开始注记，而红面尺尺底的起始注记，一根从 4687 开始，另一根从 4787 开始。在视线高度不变的情况下，同一根水准尺的红面和黑面读数之差应等于常数 4687 或 4787，这个常数称为尺常数，用 K 来表示。实际测量工作中可以以此检核读数是否正确。用中丝在双面水准尺上读取 4 位读数，即米、分米、厘米及毫米位。读数时应先估读出毫米数，然后按照米、分米、厘米及毫米，依次读出 4 位数。读数示例如图 2-2 所示。

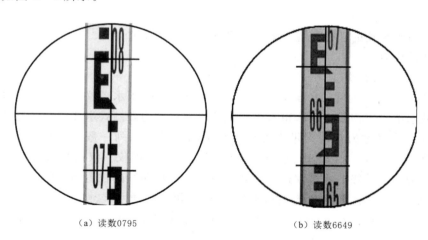

（a）读数0795   （b）读数6649

图 2-2 水准尺读数

实验中，应不断变换水准尺的位置，尤其是放置在不同高程处，反复练习读数方法，从而达到准确且熟练读数的要求。

尺垫的形状为三角形，如图 2-3 所示，一般用生铁铸成，中央顶部有一半球形凸起，下有三个足尖。其作用是确保每次水准尺有一个稳定且唯一的立尺点，防止水准尺下沉或位置发生变化，使用时应在转点处先放置尺垫后立尺（注意已知水准点和待定点上一定不能放尺垫），其使用方法是将尺垫的三足轻踩入土中，然后将水准尺轻轻放在中央凸起处并使水准尺竖直。

（四）水准仪的使用

这里以自动安平水准仪为例介绍水准仪使用的具体步骤：

1. 正确安置

选好架设水准仪的位置，松开三脚架伸缩螺旋，收拢三条架腿，使脚架头大致与观测者的颈部同高，将架腿上的螺旋拧紧。然后分开三脚架架腿，使架头大致水平，把三脚架的脚尖踩入土中；把水准仪从仪器箱中取出并关上仪器箱，然后把水准仪放到三脚架架头上，一手握住仪器，一手将三脚架上的连接螺杆旋入仪器基座的底孔内，拧紧并检查是否已完全连接牢固。

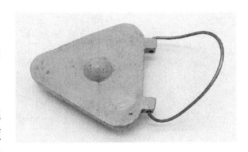

图 2-3　尺垫

2. 粗略整平

水准仪的粗略整平是用脚螺旋使圆水准器气泡居中。先用两个脚螺旋使气泡移到通过圆水准器零点并垂直于这两个脚螺旋连线的方向上。图 2-4（a）中气泡自 a 点移到图中的线上，即图 2-4（b）中的 b 位置；然后用第三个脚螺旋使气泡居中，从而使整个仪器置平。如气泡仍有偏离可重复进行。应当注意的是操作时先旋转其中两个脚螺旋，然后再旋转第三个脚螺旋。判定各个脚螺旋的旋转方向，有如下两条规则：

（1）基座的圆水准器气泡所在那一侧位置偏高。

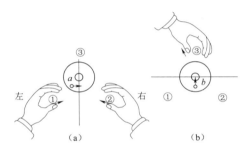

图 2-4　水准仪粗略整平

（2）从上往下看，脚螺旋顺时针旋转，使基座的该脚螺旋所在一侧升高；脚螺旋逆时针旋转，使基座的该脚螺旋所在一侧降低。

粗略整平后，在补偿器的作用下，自动安平水准仪提供的视线就是水平的。

3. 瞄准

首先将目镜调焦，使十字丝清晰；放松制动螺旋，转动望远镜，使得通过望远镜上的光学瞄准镜能够初步瞄准水准尺，旋紧制动螺旋；进行物镜调焦，使水准尺成像清晰；旋转微动螺旋，使十字丝的竖丝位于水准尺中央。眼睛在目镜端上下移动，检查十字丝与目标影像是否有相对运动，即检查是否存在视差。如果发现存在视差，则应重新调节目镜使十字丝清晰、再调节物镜使成像清晰，并再检查是否消除了视差，直至视差得到消除。

4. 读数

望远镜瞄准水准尺，用中丝直接在水准尺上读取米、分米、厘米，毫米为估读。

5. 高差计算

实地选两点（A、B），如图 2-5 所示，分别在 A、B 点上竖立水准尺，在与两水准尺距离大致相当的地方立上水准仪，瞄准水准尺，分别读取两尺的黑面中丝读数。

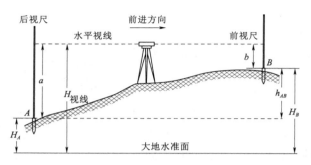

图 2-5 水准测量原理

假设水平视线在 A 点水准尺上的读数为 a，在 B 点水准尺上的读数为 b，则 B 点对 A 点的高差为

$$h_{AB} = a - b \qquad\qquad (2-1)$$

测量前进方向是由已知点向未知点，即由 A（后）→B（前），一般称 A 为后视点，A 点读数为后视读数；B 为前视点，B 点读数为前视读数。h_{AB} 为未知点 B 相对已知点 A 的高差，它等于后视读数与前视读数之差。如果该差值为正值，表明 B 点高于 A 点，即：$a > b$，$h_{AB} > 0$；反之则表明 B 点低于 A 点，即：$a < b$，$h_{AB} < 0$。如果该差值等于 0，则说明 B 点与 A 点的高程相同，即 $a = b$，$h_{AB} = 0$。

计算 B 点的高程有两种方法：

（1）高差法：直接利用实测高差 h_{AB} 计算 B 点高程的方法，即

$$H_B = H_A + h_{AB} \qquad\qquad (2-2)$$

（2）视线高法：又称仪高法，是由水准仪的视线高程计算 B 点的高程。从图 2-5 可以看出，A 点高程加上后视读数就是仪器的视线高程，用 $H_{视线}$ 来表示，即

$$H_{视线} = H_A + a \qquad\qquad (2-3)$$

由此得 B 点的高程为

$$H_B = H_{视线} - b = (H_A + a) - b \qquad\qquad (2-4)$$

观测数据记录在实验报告的表格中，并根据式（2-1）~式（2-4）进行数据处理。

四、注意事项

（1）脚架要安置稳妥，高度适当，安置水准仪前脚架头要接近水平，伸缩脚架螺旋要旋紧，测量过程中切忌身体碰触脚架。

（2）用双手取出仪器，握住仪器牢固部分，水准仪放置在脚架头上后要立即旋紧连接螺旋，使连接牢固，确认已装牢在三脚架上后才可放手，仪器箱要及时盖上。

实验报告 1　水准仪的认识与使用

指导教师		组次		姓名	
日期		仪器		天气	
记录者		观测者		起止时间	

一、实验内容

二、实验操作方法

三、测量数据记录表格

水准测量记录表

测站	测点	后视读数	前视读数	高差/m		高程/m	备注
				+	−		

测站	测点	后视读数	前视读数	高差/m		高程/m	备注
				+	−		
检核							

四、数据处理

五、影响测量结果的因素

六、实验心得

实验 2-2　普通水准测量

水准测量主要是测量未知高程点相对于已知高程点之间的高差，从而确定各个未知高程点的高程。普通水准测量是指国家等级控制以下的水准测量，又称等外水准测量，常用于局部地区大比例尺地形图测绘的图根高程控制或一般工程施工的高程测量。

一、实验目的与意义

水准测量的主要目的是测出一系列点的高程，通常称这些点为水准点。本实验的意义在于帮助学生熟悉水准路线的布设形式，掌握普通水准测量的外业测量和内业数据处理程序。

二、实验任务

（1）熟悉水准路线的布设形式。

（2）测量一条水准路线，进行内业处理，计算出各待定点的高程。

三、操作步骤

由教师确定已知水准点和待测水准点，学生自己敷设水准路线并完成外业测量和内业数据处理。

1. 普通水准测量的概念

为了满足工程建设和地形测图的需要，以国家水准测量的三、四等水准点为起始点，进行低精度水准测量或图根控制点的高程测量，通常统称为普通水准测量（也称等外水准测量），普通水准测量的精度较国家等级水准测量低，水准路线的布设及水准点的密度根据具体工程和地形测图的要求而有较大的灵活性。

2. 连续水准测量

一个小组的实验内容为布设一条水准路线并完成相应的测量工作。如图 2-6 所示，已知 A 点高程，欲测 B 点的高程。在一般情况下，A、B 两点相距很远或高差较大，不能一站测出两点之间的高差，因此在中间设立若干个点，设立的这些点称为转点，其在测量路线中起到临时传递高程的作用，转点通常在其编号前面加上 TP 两个字母，这样连续测得路线上所有测站的高差，从而得到 A、B 两点间高差，这种测量方法就叫连续水准测量。

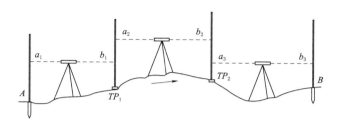

图 2-6　普通水准测量示意图

3. 观测、记录、计算

首先将水准仪安置在 A 点与 TP_1 点之间，按照实验 2-1 介绍的一站水准测量的方法施测，瞄准 A 点的水准尺，读取读数 a_1；接着瞄准 TP_1 点的水准尺，读取读数 b_1。这样

便求得 A 点到 TP_1 点之间的高差 $h_1 = a_1 - b_1$；水准仪和后视尺迁至下一站，重复上述操作程序，如此继续下去，直至全部测站施测完毕。每观测一站，就将观测数据记录下来，如果发现某个站观测有误，应立即在该站重测，直到满足要求后才能迁站。

4. 检核计算

根据已知点高程及各测站高差，检核中算出的 $\sum h$ 应与 $\sum a_i - \sum b_i$ 相等，如不等，则表明表中的计算存在错误。该表的内容只能检核计算是否正确，不能检查测量过程中是否存在读数错误，也提高不了测量的精度。

四、注意事项

（1）后视尺垫在水准仪搬动前不得移动，仪器迁站时，前视尺垫不能移动，不得在已知高程点和待定高程点上放尺垫。

（2）水准尺必须竖直，不得前后左右倾斜，只用黑面读数。注意水准测量进行的步骤，一测站的测量过程中，圆水准器居中后，才可进行测量，中途不可再进行整平操作。若发现圆水准器气泡移到中心圆圈外，则重新整平仪器，然后该站重测。测量中要注意消除视差，防止读错、记错。

实验报告 2 普 通 水 准 测 量

指导教师		组次		姓名	
日期		仪器		天气	
记录者		观测者		起止时间	

一、实验内容

二、实验操作方法

三、测量数据记录表格

普通水准测量记录手簿

测站	点名	后视读数	前视读数	高差/m		高程/m	备注
				+	−		

续表

测站	点名	后视读数	前视读数	高差/m		高程 /m	备注
				+	-		
计算检核							

四、水准路线略图

五、影响测量结果的因素

六、实验心得

实验 2－3 四 等 水 准 测 量

高程控制网的建立主要用水准测量方法，布设的原则遵循从高级到低级、从整体到局部、逐步加密的原则。国家水准网分为一、二、三、四等，一、二等水准测量称为精密水准测量。一等水准网在全国范围内沿主要干道和河流布设成格网形的高程控制网，在此基础上用二等水准网进行加密，作为全国各地的高程基础。三、四等水准网按各地区工程建设的需要而布设。四等水准测量直接为地形测图和各种工程建设提供所必要的高程控制，也是工程建设中常需要达到的高程控制网等级。

一、实验目的与意义

本实验的目的是了解水准测量的技术要求，掌握四等水准测量的操作过程，掌握四等水准外业测量的记录及计算方法，熟悉四等水准测量各项限差要求。

二、实验任务

（1）了解水准测量的技术要求。

（2）掌握四等水准测量的操作过程。

（3）掌握四等水准测量外业数据的记录、计算和校核。

三、实验步骤

撰写实验预习报告前，学习、掌握四等水准测量的各项技术要求，学生以老师提供的已知水准点为起点，实地选择待测未知点，与已知水准点共同构成一条闭合水准路线。要求路线总长度不得少于 1km、总测站数不得少于 8 站（应布设成偶数站）。施测按照四等水准的要求进行。

1. 水准测量的技术要求

四等水准测量的主要技术要求见表 2－1。

表 2－1　　　　　　　　　　　　四等水准测量作业限差

视线长度/m	前后视距差/m	前后视距差累积/m	视线离地面最低高度/m	黑红面读数差/mm	黑红面所测高差之差/mm
≤100	≤5	≤10	0.2	≤3	≤5

2. 四等水准测量的操作过程

（1）在已知高程的 A 点与第一个转点（TP1）距离相近的位置处，安置水准仪。在后视点、前视点，分别立水准尺。水准仪安置好后，在水准尺上读取数据。

（2）四等水准测量每站的观测顺序可为"后-后-前-前"（BBFF），即"黑-红-黑-红"观测顺序；也可以是"后-前-前-后"（BFFB），其目的是抵消水准仪下沉产生的误差。这里以"后-前-前-后"为例，结合记录表 2－2，介绍四等水准测量在一个测站上的观测顺序如下：

1）照准后视尺黑面，读取上、下、中丝读数分别填入（1）、（2）、（3）单元格。

2）照准前视尺黑面，读取上、下、中丝读数分别填入（4）、（5）、（6）单元格。

3）照准前视尺红面，读取中丝读数填入（7）单元格。

4）照准后视尺红面，读取中丝读数填入（8）单元格。

5）每测站观测、记录完成后，及时进行测站计算检查，记录及计算表格见表2-2。

表2-2　　　　　　　　　　　四等水准测量记录表

测段：　　　　　日期：　　　　仪器：　　　　天气：　　　　成像：

记录者：　　　　观测者：　　　开始：　　　　结束：

测站编号	点号	后尺 上丝 下丝 后视距 视距差/m	前尺 上丝 下丝 前视距 累计差/m	方向及尺号	水准尺读数 黑面	水准尺读数 红面	黑+K 一红	平均高差/m	备注
		（1）	（4）	后	（3）	（8）	（14）		
		（2）	（5）	前	（6）	（7）	（13）	（18）	
		（9）	（10）	后一前	（15）	（16）	（17）		
		（11）	（12）						
				后					
				前					
				后一前					
				后					
				前					
				后一前					
				后					
				前					
				后一前					
				后					
				前					
				后一前					
检核计算									

3. 计算与校核

（1）视距计算。

后视距离：（9）＝［（1）－（2）］×0.1。

前视距离：（10）＝［（4）－（5）］×0.1。

前、后视距差：（11）＝（9）－（10），限差要求见表 2-1。

前、后视距累积差：本站（12）＝前站（12）+本站（11），限差要求见表 2-1。

（2）同一水准尺红、黑面中丝读数差的校核。同一水准尺红、黑面中丝读数之差，应等于该尺红、黑面的常数差 K（4687 或 4787），即

前尺：（13）＝（6）+K－（7）。

后尺：（14）＝（3）+K－（8），限差要求见表 2-1。

（3）黑、红面所测高差的计算与检核。

黑面高差：（15）＝（3）－（6）。

红面高差：（16）＝（8）－（7）。

检核计算：（17）＝（14）－（13）＝（15）－（16）±0.100，限差要求见表 2-1。

高差中数：（18）＝0.5×｛（15）+［（16）±0.100］｝。

观测时，应随测随记随算。若发现本测站某项限差超限，应立即重测，只有各项限差均满足技术要求后方可移站。

（4）依次设站，测出路线上其他各站的高差，全路线施测完成后，进行线路计算检核。

路线总长 $L=\sum(9)+\sum(10)$。

$\sum(9)-\sum(10)=$末站（12）。

$\sum[(3)+(8)]-\sum[(6)+(7)]=\sum[(15)+(16)]=2\sum(18)$（偶数站情形下）。

（5）检查闭合差是否超限。当水准路线的高差闭合差 f_h 在容许范围内，即满足 $|f_h|\leqslant |f_{h容}|$ 条件，才能进行后续计算，计算见式（2-5）、式（2-6）。

$$f_h=\sum h_i \tag{2-5}$$

$$f_{h容}=\pm 6\sqrt{\sum n_i} \tag{2-6}$$

（6）进行高差闭合差的计算与调整，算出待定点的高程，计算见式（2-7）～式（2-9）。

$$v_i=\frac{n_i}{\sum n_i}(-f_h) \tag{2-7}$$

$$\hat{h}_i=h_i+v_i \tag{2-8}$$

$$H_i=H_{i-1}+\hat{h}_i \tag{2-9}$$

式中：n_i 为各测段的测站数；v_i 为各测段高差的改正数；h_i 为各测段高差的观测值；$\hat{h}_i$ 为改正后的各测段高差观测值；H_i 为各点的高程值。

四、注意事项

（1）三脚架应踩稳，防止碰动；尺垫应踩实，水准尺应竖直，转点要牢固，在水准点上

不得使用尺垫。

（2）同一测站观测时，不要重复调焦。瞄准标尺时，应注意消除视差。

（3）读数要准确，严格按照限差要求，误差超限，必须重测。

（4）读数为 4 位数，当记录者听到观测者所报读数后，需及时复诵给观测者确认，经确认无误后才能记录到记录表格中；记录时要书写整齐清楚，随测随记，不得重新誊抄。

实验报告3 四等水准测量

指导教师		组次		姓名	
日期		仪器		天气	
记录者		观测者		起止时间	

一、实验内容

二、实验操作方法

	三、测量数据记录表格									

四等水准测量记录手簿

测站编号	点号	后尺 上丝/下丝	前尺 上丝/下丝	方向及尺号	标尺读数		黑+K−红	高差中数	备注
		后视距	前视距		黑面	红面			
		视距差/m	累计差/m						
		(1)	(4)	后	(3)	(8)	(14)	(18)	
		(2)	(5)	前	(6)	(7)	(13)		
		(9)	(10)	后－前	(15)	(16)	(17)		
		(11)	(12)						
				后					
				前					
				后－前					
				后					
				前					
				后－前					
				后					
				前					
				后－前					
				后					
				前					
				后－前					
				后					
				前					
				后－前					
				后					
				前					
				后－前					

测站编号	点号	后尺	上丝	前尺	上丝	方向及尺号	标尺读数		黑+K—红	高差中数	备注
			下丝		下丝						
		后视距		前视距			黑面	红面			
		视距差/m		累计差/m							
						后					
						前					
						后一前					
						后					
						前					
						后一前					
						后					
						前					
						后一前					
						后					
						前					
						后一前					
						后					
						前					
						后一前					
						后					
						前					
						后一前					
						后					
						前					
						后一前					
检核计算											

四、水准路线略图

五、影响测量结果的因素

六、实验心得

实验 2-4 高 程 放 样

放样,又称测设,就是依据已有的控制点,将拟建建筑物、构筑物的特征点在实地标定出来。要完成特征点的现场标定,首先要算出放样依据的控制点到放样点的角度、距离、高差等放样数据,然后利用测量仪器和工具,根据放样数据将特征点标定到实地。工程测量上放样的基本工作主要包括放样已知水平距离、水平角和高程。高程放样是工程建设中经常进行的施工工作,就是在实地去标定一个位置,要求该位置的高程为设计高程值。高程放样主要有如下三种方法:

(1)水准仪放样:主要适用于拟放样高程与已知水准点相距不远、高差相差不大的情形。

(2)吊钢尺法放样:多在水平距离较近的深基坑或高桥墩放样中采用。

(3)三角高程法放样:多在水平距离较远的深基坑或高桥墩放样中采用。

一、实验目的与意义

本实验的目的与意义在于帮助学生掌握使用水准仪进行高程放样的方法及过程,能够独立进行高程放样数据的计算及操作。

二、实验任务

如图 2-7 所示,B 点的设计高程 $H_B = 500.315\text{m}$,在附近有点 A 为已知点,其高程为 500.000m,在 B 点处的木桩上放样出高程为 500.315m 的位置。

三、操作方法

在本实验中采用水准测量的方法,在与 A、B 两点距离大致相等的位置安置水准仪,以水准点 A 为后视,水准尺上的读数为 a,得视线高程 $H_i = H_A + a$,计算前视 B 点水准尺的理论读数 $b = H_i - H_B$,然后在 B 点木桩侧面上下移动水准尺,直至水准仪中丝在尺上的读数恰好等于 b,则在木桩侧面齐水准尺底部画一横线,该横线即为 B 点设计高程 H_B 的位置。也可实测该木桩顶的高程,然后计算桩顶高程与设计

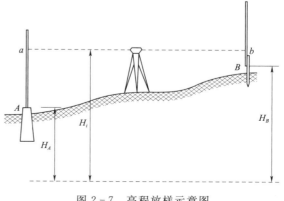

图 2-7 高程放样示意图

高程 H_B 的差值(若差值为负,则拟放样高程位置位于桩顶以上;反之,则拟放样高程位置位于桩顶以下),在木桩上加标注说明。

变换仪器高,采用实验 2-2 的方法测量上述所画线位置的高程值,对放样出的高程位置进行检查,差值不得超过规定的值。

四、注意事项

(1)放样过程中,水准尺要竖直,在对水准尺底部画横线的时候,要防止水准尺下滑。

（2）放样完毕后，要进行检查，放样的高程值超限时应重新放样，并做好记录。

（3）组员间相互配合，完成计算、放样、扶尺、画线等工作，放样经检查合格后，组员间轮换进行。

（4）当受到木桩长度的限制，无法标出放样的位置时，可定出与放样位置相差一数值的位置线，在线上标明差值。

实验报告 4 高 程 放 样

指导教师		组次		姓名	
日 期		仪器		天气	
记录者		观测者		起止时间	

一、实验内容

二、实验操作方法

三、测量数据记录表格

高程放样记录表

水准点号	水准点高程/m	后视读数	视线高程/m	拟放样点点号	设计标高/m	前视读数/m	备注

水准点号	水准点高程/m	后视读数	视线高程/m	拟放样点点号	设计标高/m	前视读数/m	备注

续表

四、检查记录

五、影响放样精度的因素

六、实验心得

实验 2－5　水准仪的检验与校正

水准仪检校的内容是检查水准仪的各轴线应该满足的几何条件是否满足。如不满足，采取相应的措施进行校正，使其满足。

一、实验目的与意义

为了保证测量仪器的正常使用和精度要求，测量仪器的各轴线之间应满足必要的几何条件。仪器进行了远距离的运输、长时间未使用、重要工程要使用等情形下，为保证仪器处于良好状态，要对测量仪器进行检校。本实验的目的是了解水准仪的主要轴线及它们之间应满足的几何关系，巩固和深入对水准仪检验和校正原理的理解，掌握水准仪的检验与校正方法。

二、实验任务

（1）掌握水准仪各轴系应满足的关系。

（2）了解圆水准轴平行于仪器竖轴的检验与校正的方法。

（3）了解十字丝中丝垂直于仪器竖轴的检验与校正的方法。

（4）了解水准管轴平行于视准轴的检验与校正的方法。

三、检校步骤

1. 水准仪各轴系应满足的关系

水准仪的主要轴线有望远镜视准轴 CC、水准管轴 LL、圆水准轴 $L'L'$，此外还有仪器的竖轴 VV，见图 2－8。

它们之间应满足以下几何条件：

（1）圆水准轴平行于仪器的竖轴，即 $L'L' /\!/ VV$。

（2）十字丝中丝垂直于仪器的竖轴，即十字丝中丝 $\perp VV$。

（3）水准管轴平行于望远镜视准轴，即 $LL /\!/ CC$。

比较而言，水准管轴平行于望远镜视准轴对保证水准测量的精度尤其重要，因此又称为水准仪应满足的主要条件。

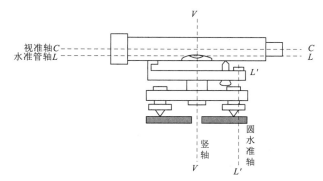

图 2－8　水准仪的主要轴线关系

2. 圆水准轴平行于仪器旋转轴的检验与校正

（1）检验方法：安置水准仪后，转动脚螺旋使圆水准器气泡居中，然后将仪器水平旋转 $180°$，如果气泡仍居中，则表示该几何条件满足，不必校正，否则须进行校正。

（2）校正方法：水准仪不动，旋转脚螺旋，使气泡向圆水准器中心的方向移动偏移量的一半，然后先轻微松动圆水准器底部的固定螺丝（图 2－9），分别用校正针拨动圆水准器底部的三个校正螺丝，使圆气泡居中。

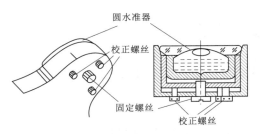

圆水准器
校正螺丝
固定螺丝
校正螺丝

图 2-9　圆水准器校正螺丝

重复上述步骤，直至仪器旋转至任何方向圆水准气泡都居中为止。最后，把底部固定螺丝旋紧。

3. 十字丝中丝垂直于仪器竖轴的检验与校正

（1）检验方法：安置水准仪整平后，用十字丝中丝一端瞄准一明显标志，拧紧制动螺旋，缓慢地转动微动螺旋，使望远镜的视野扫过该标志，如果标志的影像始终落在中丝上，则表示十字丝中丝垂直于仪器竖轴，否则需要校正。

（2）校正方法：旋下目镜端十字丝环外罩，用小螺丝刀松开十字丝环的 4 个固定螺丝，按横丝倾斜的反方向小心地转动十字丝环，使中丝水平。

再重复检验，直至满足条件为止。

最后固紧十字丝环的固定螺丝，旋上十字丝环外罩。

4. 水准管轴平行于视准轴的检验与校正

（1）检验方法：在地面上选择相距约 80m 的 A、B 两点，分别在两点上放置尺垫，竖立水准尺。将水准仪安置于两点中间，用改变仪器高法（或双面尺法）准确测出 A、B 点高差，两次高差之差不大于 5mm 时，取其平均值，用 h_{AB} 表示。

再在 A 点附近 3～4m 安置水准仪，精平后读取 A、B 两点的水准尺读数 a_2、b_2，应用公式 $b'_2 = a_2 - h_{AB}$ 求得 B 尺上的水平视线理论读数。若 $b_2 = b'_2$，则说明水准管轴平行于视准轴；若 $b_2 \neq b'_2$，则应计算 i 角：

$$i = \frac{b_2 - b'_2}{S_B - S_A}\rho''$$

（2-10）

当 $i > 20''$ 时需要校正。

（2）校正方法：对于微倾式水准仪，转动微倾螺旋，使中丝对准正确读数 b_2，这时水准管气泡偏离中央。用校正针拨动水准管一端的上、下两个校正螺丝，使气泡居中。再重复检验校正，直到 $i < 20''$ 为止。对于自动安平水准仪，应该是补偿器功能失灵，应送专门机构维修。

四、注意事项

（1）领取到器材后，首先检查三脚架是否稳固，安置仪器后检查制动螺旋、微动螺旋、微倾螺旋、调焦螺旋、脚螺旋等，看转动是否灵活、有效，然后将检校过程与结果记录到实验报告中。

（2）对水准管轴平行于视准轴的检验与校正项目，是针对微倾式水准仪。

（3）必须按前述介绍的各项顺序进行逐一检验和校正，不得颠倒。

（4）拨动校正螺丝时，应先松后紧，一松一紧，用力不宜过大；校正螺丝都比较精细，要做到"慢、稳、细"；校正结束后，校正螺丝不能松动，应处于稍紧的状态。实验时应细心操作，及时填写检验与校正记录表格。

实验报告 5 水准仪的检验与校正

指导教师		组次		姓名	
日期		仪器		天气	
记录者		观测者		起止时间	

一、实验内容

二、实验操作方法

三、测量数据记录表格

圆水准轴平行于仪器旋转轴的检验与校正记录表	
脚螺旋整平并旋转 180°，气泡位置	
校正后，气泡位置	

十字丝中丝垂直于仪器旋转轴的检验与校正记录表	
十字丝中丝与标志点的位置关系	
检验前位置	检验后位置

水准管轴平行于视准轴的检验与校正记录表			
仪器位置	在中点测高差		
项目	A 尺上读数 a_1	B 尺上读数 b_1	$h'_{AB}=a_1-b_1$	平均高差 h_{AB}
第一次				
第二次				
备注				

续表

仪器位置	在 A 点附近检验				
项目	A 尺上读数 a_2	B 尺上读数 b_2	$b_2'=a_2-h_{AB}$	偏差值 $\Delta b=b_2-b_2'$	$i''=\lvert\Delta b\rvert\rho''/D_{AB}$
第一次					
第二次					
备注					

四、实验心得

实验 2 - 6　全站仪的认识与使用

全站型电子速测仪简称全站仪,是一种具备角度(水平角、竖直角)测量、距离(斜距)测量、数据处理(水平距离、高差计算,放样的数据计算,数据存储等)等功能,由机械、光学、电子元件组合而成的测量仪器。由于该仪器可以测量、放样、存储测量数据并具有计算功能,基本能完成测量所有的外业工作,故被称为"全站仪"。

一、实验目的与意义

本实验的目的在于了解全站仪的基本构造与性能,各种操作部件的名称和作用,熟悉全站仪面板的主要功能,掌握全站仪的安置方法。

二、实验任务

(1)认识全站仪的基本构造与性能,以及各种操作部件的名称和作用。

(2)认识全站仪面板的主要功能。

(3)练习安置全站仪。

三、实验内容

(一)全站仪的结构

目前,全站仪的型号繁多,但其外观都相似、各操作部件、螺旋的名称和作用相同。全站仪主要包含有测量的四大光电系统,即水平角测量系统、竖直角测量系统、水平补偿系统和测距系统。通过键盘可以输入操作指令、数据和设置参数。教材以中维系列全站仪、尼康系列全站仪为例,简要介绍全站仪的结构、各按键的功能与架设方法。

1. 中维系列全站仪

中维系列全站仪的结构、操作键盘及屏幕上各字符的含义,如图 2 - 10、图 2 - 11 所示。

2. 尼康系列全站仪

图 2 - 12 是尼康 452 C 全站仪。

尼康全站仪显示屏幕及操作键盘如图 2 - 13 所示,各键的主要功能见表 2 - 3。

(二)全站仪的架设

全站仪的架设操作技能是从事工程测量的最基本要求,也是进行后续实验的前提。全站仪的架设操作采用全站仪或测量基座进行对中、整平练习;在学习与全站仪配套的模拟软件的基础上,掌握全站仪使用中测量模式的转换、各个按键的功能。全站仪的架设操作过程有如下 4 个步骤。

1. 粗略对中

将仪器从箱子里拿出,放置在三脚架架头上,将连接螺杆对准仪器基座底孔并拧紧,在连接螺杆拧紧之前,手不得松开仪器。旋转照准部,使光学对

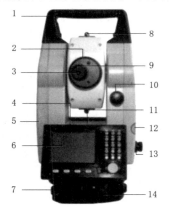

图 2 - 10　中维系列全站仪
结构示意图

1—提手;2—望远镜调焦旋钮;3—望远镜目镜;4—气泡调节旋钮;5—USB 通信接口;6—显示屏和面板;7—脚螺旋;8—瞄准器;9—目镜调节环;10—竖直微动螺旋;11—水准管;12—电池仓;13—水平微动螺旋;14—基座

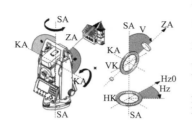

ZA 视准轴/照准轴
从十字丝到物镜中心的轴线

SA 竖轴
望远镜照准部绕水平方向旋转的轴

KA 横轴
望远镜绕垂直方向旋转的轴

V 竖直角/天顶距

VK 竖直度盘
有编码刻度,用于读取竖直角

Hz 水平角

HK 水平度盘
有编码刻度,用于读取水平角

（a）名词缩写

 竖轴倾斜误差
仪器竖轴与铅垂线之间夹角。
竖轴倾斜误差不是仪器本身误差,不能通过双面观测(盘左、盘右)消除该项误差的影响。竖轴补偿器可以减弱竖轴倾斜误差的影响。

 铅垂线/补偿器
铅垂线即为重力方向线,由补偿器提供通过仪器中心的铅垂线。

 视准差
视准轴与横轴不垂直的误差,该项误差可通过双面观测来消除。

 天顶距
测站铅垂线的天顶方向。

 竖直度盘指标差
当视线处于水平方向,竖直度盘精确读数应该是90°。与这个数字的偏差值称之为竖直度盘指标差 i。

 十字丝
望远镜目镜端玻璃板上的十字丝。

（b）常用术语

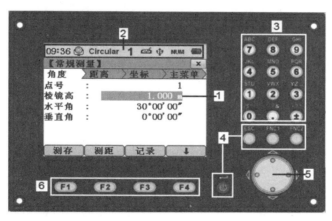

1. 当前操作区
2. 状态图标
3. 字符数字键
4. 固定键,具有相应的固定功能。
5. 导航键,在编辑或输入模式中控制输入光标,或控制当前操作光标。
6. 软功能键,相应功能随屏幕底行显示变化。

（c）面板

图 2-11（一）　中维系列全站仪各字符含义

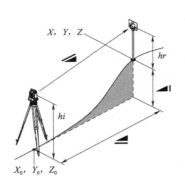

照准中心和反射棱镜中心或激光点之间的已经气象改正的斜距。

表示已经气象改正的水平距离。

测站和目标点之间的高差。

hr 棱镜高

hi 仪器高

X_0 测站X坐标

Y_0 测站Y坐标

Z_0 测站高程

X 目标点X坐标

Y 目标点Y坐标

Z 目标点高程

（d）面板术语

图 2-11（二） 中维系列全站仪各字符含义

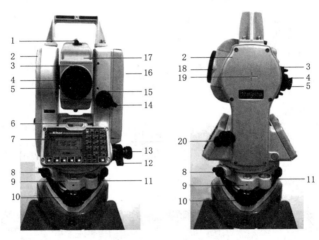

图 2-12 尼康 452 C 全站仪结构

1—光学瞄准器；2—竖盘；3—物镜调焦螺旋；4—目镜调焦螺旋；5—目镜；6—管水准器；
7—显示屏；8—RS232C串口；9—基座；10—脚螺旋；11—圆水准器；12—水平制动扳手；
13—水平微动螺旋；14—竖直制动扳手；15—竖直微动螺旋；16—电池；17—望远镜；
18—物镜；19—水平轴指示标记；20—光学对点器及调焦螺旋

图 2-13 全站仪操作键盘

表 2－3	尼康全站仪按键主要功能
按　键	主　要　功　能
PWR	全站仪开机或关机
	显示屏背景照明开关。按 1 秒钟，可以打开或关闭显示屏背景光
MENU	调用菜单
MODE	改变输入的模式，即在数值和字母输入状态下快速切换
STN ABC 7	调用建站设立菜单、在数字模式下输入 7、在字符模式下输入字母 A、B、C 或 7
S-O DEF 8	调用放样菜单、在数字模式下输入数字 8、在字符模式下输入字母 D、E、F 或 8
O/S GHI 9	调用偏移点测量菜单、在数字模式下输入数字 9、在字符模式下输入字母 G、H、I 或 9
PRG JKL 4	调用程序菜单、在数字模式下输入数字 4、在字符模式下输入字母 J、K、L 和 4
LG MNO 5	在数字模式下输入数字 5、在字符模式下输入字母 M、N、O 和 5
DAT PQR 6	显示 RAW/XYZ 或站点 STN 数据，在数字模式下输入数字 6、在字符模式下输入字母 P、Q、R 和 6
USR STU 1	执行 USR1 键的功能、在数字模式下输入数字 1、在字符模式下输入字母 S、T、U 和 1
USR VWX 2	执行 USR2 键的功能、在数字模式下输入数字 2、在字符模式下输入字母 V、W、X 和 2
COD YZ 3	调用代码输入窗口、在数字模式下输入数字 3、在字符模式下输入字母 Y、Z 和 3
* / = 0	显示电子气泡水平状态、在数字模式下输入数字 0、在字符模式下输入符号 ＊、、=

按　键	主　要　功　能
HOT . − + ■	调用热键菜单、输入 . 、−、＋符号
ESC	返回到先前的屏幕，在数字或字符模式下删除输入的数据
MSR1	用 MSR1 键的测量模式测量距离、坐标，按键 1 秒以上，可对此键进行设置
MSR2	用 MSR2 键的测量模式测量距离、坐标，按键 1 秒以上，可对此键进行设置
DSP	更换到下一显示屏幕，按键一次，可以依次换屏显示 DSP1/4、DSP2/4、DSP3/4、DSP4/4 的内容
ANG	显示测角菜单键，可以对角度进行设置
BS *\/□	4 个键都是菜单功能选择键，其中 BS 键还具有逐一删除输入的数字或字母功能
REC/ENT	记录已测量数据、进入下一个屏幕或在输入模式下确认并接收输入的数据

点器位于操作者一侧，操作者双手轻轻提起靠近身边的两根架腿并小幅度地前后左后缓慢移动，同时查看光学对点器里中心点的影像与地面控制点位的重合情况，尽可能将光学对点器中心与地面控制点相重合，然后竖直放下架腿并轻踩架腿，使架腿尖进入土中。

2. 粗略整平

参考圆水准器，伸缩架腿，将圆水准器的气泡居中。可以利用三根架腿，将仪器周围划分为三个方向。首先伸缩一根架腿，使得圆水准器气泡位于一个方向上，然后伸缩气泡所在方向上的那根架腿，使圆水准器气泡居中。这过程可能要反复进行多次，直到圆水准器气泡居中。

3. 精确整平

松开水平制动螺旋，转动照准部，使水准管平行于任意两个脚螺旋的连线 [图 2−14 (a)]，两手同时转动脚螺旋使气泡居中。判定脚螺旋旋转方向的方法，同前水准仪部分判定脚螺旋旋转方向的方法一致。

将照准部旋转 90°，如图 2−14 (b) 所示，使水准管垂直于前述图 2−14 (a) 中的两脚螺旋的连线，旋转另一个脚螺旋使气泡居中。

将照准部旋转回图 2 - 14 (a) 所述位置，检查气泡是否偏移。若偏移，重复前述步骤，直至将照准部转到任意位置，水准管气泡总是居中（偏差小于 1 格）。

4. 精确对中

检查仪器的对中情况。若光学对点器中心的影像与地面测点标志中心没有精确重合，则左手将基座按紧在脚架头上，右手拧松脚架与仪器基座的连接螺杆（注意不得拧掉连接螺杆，要保证基座通过连接螺杆和脚架处于连接状态），然后双手呈直线方向水平推移全站仪基座，使得光学对点器中心的影像与地面控制点的中心精确重合，然后左手将基座按紧在脚架头上，右手拧紧脚架头的连接螺杆。在推移基座的这个过程中，基座不得发生旋转。然后检查水准管的气泡居中情况，若发生气泡偏移，可以重复精确整平和精确对中过程，直至满足要求为止。

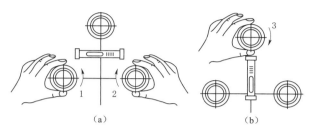

图 2 - 14　精确整平示意图

（三）全站仪的观测

全站仪架设好后，再在其他两个与全站仪通视的地方各选择一个地面标志点，在点上架设好基座、安置棱镜。

1. 角度的初始化

松开全站仪的度盘制动螺旋、水平制动螺旋，在盘左的情况下，分别转动望远镜绕横轴、转动照准部绕竖轴旋转，当屏幕上显示出角度值，即完成全站仪的角度初始化。

注意：每次打开仪器电源时，必须重新进行角度初始化。

2. 调焦与照准目标

图 2 - 15　全站仪精确瞄准目标

（1）目镜调焦：用望远镜观察一明亮无地物的背景，将目镜顺时针旋到底，再反时针方向慢慢旋转至十字丝成像最清晰，注意目镜调焦工作不需要经常进行。

（2）照准目标：松开垂直、水平制动钮，用瞄准器瞄准目标使其进入视场后固定两制动钮。

（3）物镜调焦：旋转望远镜调焦环至目标成像最清晰。

（4）精确照准目标：用垂直和水平微动螺旋使十字丝精确照准目标，观测者眼睛在目镜前上、下稍微移动，检查目标成像与十字丝间是否存在相对位移，即检查是否存在视差现象。如果存在视差现象，采取类似前述水准测量实验中介绍的操作方法，消除视差。观测目标精确瞄准后的图像，如图 2 - 15 所示。

四、注意事项

（1）全站仪是结构复杂、精密的先进仪器，使用全站仪时，必须严格遵守其操作规程。

（2）开机后先检测信号，在装卸电池时，必须先关闭电源开关。

（3）仪器架设完成后，应确保连接螺杆使仪器与脚架牢固连接，以防仪器摔落。迁站时，即使距离很近，也必须取下全站仪装箱搬运，并注意防震。

（4）严禁用望远镜对准太阳，以免全站仪受损。

（5）仪器、棱镜站必须留人看守。仪器的位置应离开高压线 5m 以上，以免影响测距精度。

实验报告 6　全站仪的认识与使用

指导教师		组次		姓名	
日期		仪器		天气	
记录者		观测者		起止时间	
一、实验内容					
二、全站仪架设的操作方法					
三、全站仪各按键功能					
四、实验心得					

实验 2 - 7 水 平 角 测 量

确定点的空间三维坐标，通常要进行角度测量。角度测量包括水平角测量和竖直角测量，水平角用于确定点在平面上的方位，竖直角用于计算两点之间的高差，或者将测得的斜距转算成平距。地面上一点到两目标的两条方向线分别铅垂投影到同一水平面上所形成的夹角称为水平角。

一、实验目的与意义

本实验的目的与意义在于理解水平角测量的概念，掌握利用全站仪进行水平角测量的方法、步骤及测量数据的记录与计算。

二、实验任务

（1）掌握水平角测量的方法。

（2）架设好全站仪，选择 2 个（或 3、4 个）观测目标，练习用测回法（或全圆观测法）观测水平角，并完成记录与计算工作。

三、操作步骤

（一）水平角的概念

地面上一点到两目标的两条方向线分别铅垂投影到同一水平面上所形成的夹角称为水平角，工程测量中通常用 β 来表示，其取值范围为 $[0°，360°)$。如图 2 - 16 所示，A、B、C 是野外地面上的任意三个点，为了观测 BA 和 BC 方向线之间的水平角，将 BA、BC 方向线铅垂投影到水平面上，得 ba、bc，则水平面上 ba 和 bc 的夹角 β，就是 BA 和 BC 方向线之间的水平角。

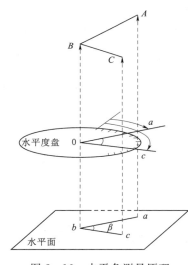

图 2 - 16 水平角测量原理

（二）水平角观测方法

1. 测回法

当一个测站上观测的方向数只有两个时，一般采用测回法观测水平角。如图 2 - 17 所示，在测点 B 架设仪器，观测 B 到 A 和 B 到 C 两方向间的水平角 β，其操作步骤如下：

（1）盘左瞄准 A 目标，配置稍大于 $0°$ 的角度，然后精确瞄准，读取读数，填入表格中对应位置，分、秒均占两位，不足两位用 0 补齐，表格内不写"(°)、(′)、(″)"符号。

（2）顺时针旋转照准部，精确照准 C 目标，读取读数，填入表格中对应位置。

（3）以上两步骤为上半测回，计算出上半测回的角值 $\beta_{左}$，填入表格中对应位置。

（4）盘右精确瞄准 C 目标，读取读数，填入表格中对应位置。

（5）逆时针旋转照准部，精确瞄准 A 目标，读取读数，填入表格中对应位置。

（6）以上两步骤为下半测回，计算出下半测回的角值 $\beta_{右}$，填入表格中对应位置。

图 2-17　测回法示意图

上半测回和下半测回合起来称为一测回。若上半测回和下半测回角值的差值不超过规范的限值，取平均值作为一个测回的角值，即

$$\beta = (\beta_左 + \beta_右)/2 \qquad (2-11)$$

利用盘左、盘右进行水平角观测，可以消减仪器某些方面的因素对测角的影响，并可以检查观测中是否存在目标瞄错、读数读错、计算错误等情形。上述计算过程中，是用观测者面向所观测角度时的右边方向的角值减去左边方向的角值，若遇到角值不够减的情况，则右边方向的角值加上 360° 再减去左边方向的角值。若需要测角精度较高，则增加测回数进行观测，满足各测回测得的角值差值不超过规范规定的限值，取各测回角值的平均值作为最终观测结果。全站仪的水平度盘存在误差，《工程测量标准》（GB 50026—2020）规定水平角测量时，各测回间宜按 180° 除以测回数配置度盘。当采用伺服马达全站仪进行多测回自动观测时，可不配置度盘。多测回测水平角起始方向配置角度值的取定，要考虑测回数、测回序号、度盘最小间隔分划值和测微盘分格数。普通工程测量项目，可以只要求按度数均匀配置度盘，即第一测回对起始方向配置稍大于 0° 的角度值，其他测回间的起始方向的配置角度按相差 180°/n（n 为取定的测回数）取定。

2. 全圆观测法

全圆观测法也称为方向观测法，在一个测站上，当观测方向有 3 个或 3 个以上时，通常采用全圆观测法。

如图 2-18 所示，在测站 O 上设站，A、B、C、D 为观测目标，用全圆观测法观测各方向间的水平角。此处介绍利用全站仪进行观测一测回的具体步骤：

（1）在测站 O 点架设好全站仪，在各观测点 A、B、C、D 上分别竖立照准目标。

（2）选择一个距离适中、成像清晰、背景良好的目标作为起始方向，假设为 A，仪器盘左状态瞄准，配置稍大于 0° 的角度值，精确瞄准目标 A，读数，记录到表格中对应位置。

（3）顺时针转动仪器照准部，依次精确瞄准 B、C、D 目标，读数，记录到表格中对应位置。

（4）顺时针转动仪器照准部，再次精确瞄准 A 目标，读数，记录到表格中对应位置。这个操作称为上半测回归零，照准

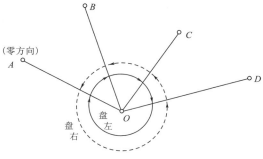

图 2-18　全圆观测法示意图

A 的两次读数间的差值称为归零差，归零差不得超过规范限值。以上步骤称为上半测回。

（5）盘右状态，首先精确瞄准起始方向 A，读数，记录；然后逆时针旋转照准部，依次精确瞄准 D、C、B、A 目标，读数，记录到表格中对应位置。这称为下半测回。

上述上半测回、下半测回的操作合称为一测回。在上、下半测回过程中，照准部旋转了一个全圆，所以此测角方法称为全圆观测法。要进行多测回观测时，对起始方向角度要进行角度配置，配置方法同上述测回法中的一致，其他测回中观测的操作方法与第一测回一致。

在进行全圆观测法测量水平角时，记录表格中有以下几项计算：

（1）计算半测回归零差，即半测回中对起始方向两次测量的读数差值。

（2）计算 2C 值，计算式为 2C＝左－（右±180°）。

（3）计算盘左、盘右读数的平均值，盘左、盘右读数的理论差值为 180°，因此其计算式为平均值＝[左＋（右±180°）]/2。

（4）计算起始方向半测回两读数的平均值，记在起始方向平均读数空格的上方，并用小括号括起来。

（5）对各方向角值进行归零计算，归零后起始方向为 0°00′00″，其他方向的归零后角值为平均值减去起始方向处用小括号括起来的角值。

（6）计算各测回归零后各方向的平均值。技术要求如表 2-4 所列。

表 2-4　　全圆观测法观测水平角的技术要求

等级	仪器型号	半测回归零差/(″)	2C 互差/(″)	测回差/(″)
四等及以上	DJ_1	≤6	≤9	≤6
	DJ_2	≤8	≤13	≤9
一级及以下	DJ_2	≤12	≤18	≤12
	DJ_6	≤18	—	≤24

四、注意事项

（1）应确保脚架上的中心连接螺旋与基座结合牢固，防止仪器掉落。应选择距离稍远、易于照准的清晰目标作为起始方向。

（2）观测过程中，照准部水准管气泡偏离居中位置的值不得大于一格。同一测回内若气泡偏离居中位置大于一格则该测回应重测。不允许在同一个测回内重新整平仪器，不同测回，则允许在测回间重新整平仪器。

实验报告7 水 平 角 测 量

指导教师		组次		姓名	
日期		仪器		天气	
记录者		观测者		起止时间	

一、实验内容

二、实验操作方法

三、测量数据记录表格（测回法使用）

测站	测回	竖盘	目标	读数 /(° ′ ″)	半测回角值 /(° ′ ″)	一测回角值 /(° ′ ″)	各测回均值 /(° ′ ″)	备注

测站	测回	竖盘	目标	读数 /(°　′　″)	半测回角值 /(°　′　″)	一测回角值 /(°　′　″)	各测回均值 /(°　′　″)	备注

四、测量数据记录表格（全圆观测法使用）

测站	测回数	目标	读数		2C /(″)	平均读数 /(° ′ ″)	归零后 方向值 /(° ′ ″)	各测回归零后 方向平均值 /(° ′ ″)	备注
			盘左 (° ′ ″)	盘右 (° ′ ″)					

测站	测回数	目标	读数		2C /(″)	平均读数 /(° ′ ″)	归零后 方向值 /(° ′ ″)	各测回归零后 方向平均值 /(° ′ ″)	备注
			盘左 (° ′ ″)	盘右 (° ′ ″)					

五、数据处理

六、影响测量结果的因素

七、实验心得

实验 2 - 8 水 平 角 放 样

水平角放样就是根据一条已知边的顶点及方向,标出拟放样角度另一边的方向,使两方向的夹角等于需放样的角值。水平角放样方法分为一般方法和精确方法。

一、实验目的与意义

本实验的目的与意义在于通过掌握已知水平角的放样方法及过程,能够独立操作全站仪进行水平角放样,并进行数据处理。

二、实验任务

(1) 采用一般方法进行水平角放样并记录。

(2) 采用精确方法进行水平角放样并记录。

三、操作步骤

在本实验中,进行两种水平角放样方法的练习,在实际地面上已知一条边的条件下,放样一个角度为 $15°15'20''$ 的水平角。

1. 一般方法

当放样水平角的精度要求不高时,可采用盘左、盘右分别放样,然后取中的方法。设地面已知方向 AB,A 为角顶,β 为拟放样水平角的角度值 $15°15'20''$,AC 为欲定的方向线。具体步骤如下:

(1) 在 A 点架设全站仪,先用盘左瞄准 B 点,先配置水平角一较小角度值,然后再精确瞄准、记录瞄准后的起始读数。

(2) 转动照准部,按照顺时针旋转,使水平度盘读数恰好为起始读数加 β,将望远镜稍微向下倾斜,瞄准地面,指挥人员在十字丝瞄准的地面位置处作标记,为 C_1 点。

(3) 仪器变换为盘右,用盘左的方法再放样一次(不用再配置角度值),得 C_2 点。取 C_1、C_2 连线的中点,作为 C 点,则 $\angle BAC$ 就是放样的 β 角。

(4) 检核放样的角度值。在 A 点架设全站仪,B、C 两点上分别立觇牌,用测回法测出放样的角度,与要放样的角度值 $15°15'20''$ 进行比较,检查放样的成果。

2. 精确方法

当放样精度要求较高时,按如下步骤进行放样:

(1) 先用前述的一般方法放样出 C_1 点。

(2) 用测回法对 $\angle BAC_1$ 观测若干个测回(测回数根据要求的精度而定),求出各测回平均值 β',并计算其与拟放样角度值的差值 $\Delta\beta = \beta' - \beta$。

(3) 计算改正距离:依据 $\Delta\beta$ 和 AC_1 的水平距离计算改正距离:

$$C_1C = AC_1 \frac{\Delta\beta}{\rho''} \tag{2-12}$$

其中
$$\rho'' = 206\ 265''$$

(4) 自 C_1 点沿 AC_1 的垂直方向量出距离 CC_1,定出 C 点,则 $\angle BAC$ 就是要放样的角度。量取改正距离时,如 $\Delta\beta$ 为正,则沿 AC_1 垂直方向向内量取;如 $\Delta\beta$ 为负,则沿 AC_1 的垂直方向向外量取,如图 2 - 19 所示。

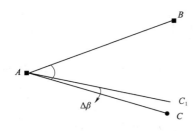

图 2-19 水平角放样示意图

（5）检核放样的角度值。在 A 点架设全站仪，B、C 两点上分别立上觇牌，用测回法测出放样的角度，与要放样的角度值 $15°15'20''$ 进行比较，检查放样的成果。

四、注意事项

放样结束后，用仪器对该角度进行检核，其结果与设计值进行比较，若偏差超限，则重新检核或放样。

实验报告 8 水 平 角 放 样

指导教师		组次		姓名	
日期		仪器		天气	
记录者		观测者		起止时间	

一、实验内容

二、实验操作方法

三、测量数据记录表格

水平角放样记录表

测站	目标	竖盘位置	水平度盘读数 /(° ′ ″)	半测回角值 /(° ′ ″)	一测回角值 /(° ′ ″)	备注

水平角检查记录表

测站	目标	竖盘位置	水平度盘读数 /(° ′ ″)	半测回角值 /(° ′ ″)	一测回角值 /(° ′ ″)	备注
结果	放样水平角与设计水平角之差为_____，精度_____要求。					

续表

四、数据处理

五、影响测量结果的因素

六、实验心得

实验 2-9 竖 直 角 观 测

在竖直面内，测量时空间上倾斜的视线与水平面的夹角，称为竖直角，用 δ 表示。竖直角与水平角一样，其角值也是度盘上两个方向读数的差值。不同的是竖直角的两个方向中的一个是水平方向。竖直角观测通常将测站上的待观测方向分成若干组，分组进行观测，当通视条件不佳时按单方向进行。野外直接测得的距离是测量仪器到反射棱镜之间的斜距，而求解点位坐标需要的是空间上两点在投影水平面上的水平距离。斜距就通过竖直角换算为水平距离。

一、实验目的与意义

本实验的目的与意义在于熟悉竖直角观测、记录及计算的方法，了解竖盘指标差的计算方法。

二、实验任务

（1）掌握全站仪测量竖直角的方法。

（2）练习使用全站仪进行竖直角观测。

三、操作步骤

全站仪显示的竖盘读数通常为天顶距模式，盘左情况下，在视线瞄准天顶方向时，竖盘读数显示为 $0°$，在瞄准水平方向时候显示为 $90°$（图 2-20）。只需要测定瞄准目标时方向的竖盘读数即可算得该方向线的竖直角。

本实验重点练习中丝法，具体操作步骤如下：

（1）在测站点 O 置仪器，对中、整平后，选定 A 目标。

（2）先观察竖盘注记形式并确定出竖直角的计算公式：盘左将望远镜大致放平，观察竖盘读数，然后将望远镜慢慢上仰，观察读数变化情况，若读数减小，则计算竖直角的计算公式等于视线水平时的读数减去瞄准目标时的读数；反之，则相反。在天顶距模式下，盘左状况下视线水平时读数为 $90°$，把望远镜往上望，读数减少；把望远镜往下望，读数增加。

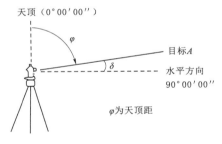

图 2-20 竖直角的天顶距模式

（3）盘左，用十字丝的横丝精确瞄准 A 目标，读取竖盘读数 L，记入手簿并计算出竖直角 δ_L。

（4）盘右，同法观测 A 目标，读取盘右读数 R，记入测量手簿并算出竖直角 δ_R。

（5）计算竖盘指标差：$x = \frac{1}{2}(\delta_R - \delta_L)$ 或 $x = \frac{1}{2}(L + R - 360°)$。

（6）计算竖直角平均值：$\delta = \frac{1}{2}(\delta_R + \delta_L)$。

四、注意事项

进行竖直角观测瞄准目标时，要精确瞄准，横丝应通过目标的几何中心（例如觇牌）或目标的顶部（例如标杆），计算竖直角和指标差时，应注意正负号。

实验报告 9 竖 直 角 观 测

指导教师		组次		姓名	
日期		仪器		天气	
记录者		观测者		起止时间	

一、实验内容

二、实验操作方法

三、测量数据记录表格

竖直角观测手簿

测站	目标	竖盘位置	竖盘读数 /(° ′ ″)	半测回竖直角 /(° ′ ″)	指标差 /(″)	一测回竖直角 /(° ′ ″)

测站	目标	竖盘位置	竖盘读数 /(° ′ ″)	半测回竖直角 /(° ′ ″)	指标差 /(″)	一测回竖直角 /(° ′ ″)

测站	目标	竖盘位置	竖盘读数 /(° ′ ″)	半测回竖直角 /(° ′ ″)	指标差 /(″)	一测回竖直角 /(° ′ ″)

备注	

四、数据处理

五、影响测量结果的因素

六、实验心得

实验 2 - 10 视 距 测 量

视距法测距目前使用较多的是在水准测量中测量水准仪到前、后视水准尺之间的距离，基本原理是利用水准仪望远镜中十字丝的上下丝在水准尺上读数的差值，利用几何中的相似三角形知识，计算出安置仪器点到立尺点的水平距离。

一、实验目的与意义

本实验的目的与意义是理解视距测量的原理与计算公式，掌握利用水准仪进行视距测量的观测方法。

二、实验任务

(1) 理解视距测量的基本原理。

(2) 掌握视距测量的计算公式。

三、操作步骤

1. 视距测量的计算公式

如图 2 - 21 所示，安置好水准仪后，瞄准 B 点上竖立的水准尺，此时水平视线与水准尺相垂直。上、下丝与竖丝交点 m、g 对应水准尺上位置 M、G，尺上 MG 的长度即为上、下丝的读数差，称为视距间隔。图中，l 为视距间隔，p 为十字丝分划板上的上丝、下丝间距，f 为物镜焦距，δ 为仪器中心到物镜的距离，d 为物镜焦点到水准尺的距离。

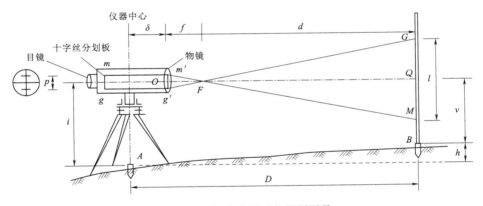

图 2 - 21　视线水平时的视距测量

由两三角形 $\triangle m'Fg'$ 和 $\triangle MFG$ 相似，可得

$$\frac{d}{f}=\frac{l}{p} \Rightarrow d=\frac{f}{p}l$$

仪器中心所在位置 A 与 B 点间视距为

$$D=d+f+\delta=\frac{f}{p}l+f+\delta$$

令 $\frac{f}{p}=K$，$f+\delta=C$，则

$$D=Kl+C \tag{2-13}$$

为了方便起见，在设计水准仪时，通常取 $K=100$，C 值接近于 0，式（2-13）可改写为

$$D=Kl \tag{2-14}$$

由此可见，水准仪与水准尺间的视距，即等于水准仪上、下丝在水准尺上的读数差与一个常数 K（取 100）的乘积，视距的单位一般用米，实际外业测量中，视距的计算为水准尺上、下丝的读数差乘以 0.1。

2. 视距测量及计算

（1）如图 2-21 所示，施测时，在 A 点安置水准仪，在 B 点竖立视距尺。

（2）分别读取上、下丝读数，并算出尺间隔 l，根据尺间隔 l，由式（2-14）计算出视距。

四、注意事项

（1）要严格测定视距常数，K 值应在 100 ± 0.1 之内，否则应加以改正。

（2）如果测量使用塔尺，应注意检查各节尺的接头是否准确，各节尺都要竖直，要在成像稳定的情况下进行观测。

实验报告 10　视　距　测　量

指导教师		组次		姓名	
日期		仪器		天气	
记录者		观测者		起止时间	

一、实验内容

二、实验操作方法

三、测量数据记录表格				
视距测量记录表				
点号	尺上读数		视距/m	备注
	上丝	下丝		

四、数据处理

五、影响测量结果的因素

六、实验心得

实验 2 - 11　全 站 仪 的 检 验

全站仪检验的基本内容是：检查全站仪的各轴线应该满足的几何条件是否满足。

一、实验目的与意义

全站仪的生产、装配和校准的质量水平较高，但是远距离的运输、震动或重压可能引起其相关轴系发生较大偏差而影响测量的精度，因此需要不定期对仪器进行检验。由于全站仪属于精密仪器，对非测绘专业的测量仪器使用人员，本实验项目的重点在于全站仪使用前应进行简单的检验，如果检验后发现存在问题，应送专门的检校机构进行校正，因此本教材不介绍全站仪的校正内容。

二、实验任务

（1）认识全站仪的轴线及其应满足的几何关系。

（2）熟悉全站仪轴线关系检验的内容及方法。

三、操作步骤

1. 全站仪应满足的条件

（1）照准部水准管轴应垂直于竖轴（$LL \perp VV$）。

（2）十字丝的竖丝应垂直于横轴。

（3）视准轴应垂直于横轴（$CC \perp HH$）。

（4）横轴应垂直于竖轴（$HH \perp VV$）。

（5）望远镜视线水平时，竖盘角读数应为 90° 或 270°。

2. 水准管的检验

（1）检校目的：满足水准管垂直于仪器竖轴（$LL \perp VV$）的条件，使得全站仪在水准管气泡居中时，仪器的竖轴铅垂、水平度盘水平。

（2）检验方法：先将仪器大致水平，转动照准部使水准管与任意两脚螺旋相平行，调该两脚螺旋使水准管气泡居中，然后旋转照准部 180°，若气泡仍然居中，则说明水准管轴与仪器竖轴相垂直；若气泡偏移超过一格，则应进行校正。

3. 圆水准器的检验

（1）检校目的：确保圆水准器轴与仪器竖轴平行，使得在全站仪的初步整平中，可以借助圆水准器气泡居中，使仪器达到初步水平状态。

（2）检验方法：将全站仪用水准管精确整平，观察圆水准器气泡是否居中，如果居中，则无须校正；如果气泡位于圆水准器表面中心的圆圈以外，则需进行调整。

4. 光学对点器的检验

（1）检校目的：保证光学对点器中心位于仪器竖轴上，确保用光学对点器进行仪器的对中操作后，仪器的竖轴向下铅垂延长后经过地面控制点的中心。

（2）检验方法：将仪器精确整平，地面上放一可移动的对中标志，移动地面的标志，使标志的对中点与全站仪的光学对点器中心点精确重合，然后旋转照准部 180°，观测这个过程中光学对点器中心点与地面标志中心点的吻合情况，如果两中心点一直重合，说明光学对点器中心位于仪器竖轴上，否则需要对光学对点器进行校正。

5．十字丝竖丝的检验

（1）检校目的：满足全站仪望远镜的十字丝竖丝垂直于横轴，使得仪器整平后十字丝的竖丝在竖直面内，保证精确瞄准目标。

（2）检验方法：整平仪器后，用十字丝交点瞄准远处一固定点，制动照准部，转动望远镜的竖直微动螺旋，使望远镜缓慢地上下转动，观测这个过程中远处的点是否偏离十字丝的竖丝。如果发生偏离，则需要进行校正。

6．视准轴的检验

（1）检校目的：满足视准轴垂直于横轴（$CC \perp HH$），使视准轴绕横轴旋转所扫过的面为一个铅垂面，而不是一个圆锥面。

（2）检验方法：望远镜视准轴不垂直于横轴所偏离的角度 C 称为视准误差，其对盘左、盘右的影响大小相同而符号相反。检验方法为选择远处一清晰目标，分别盘左、盘右观测，两读数差（顾及常数 $180°$）即为 C 值的两倍。设盘左、盘右的读数分别为 β'_L、β'_R，则

$$\beta_L = \beta'_L - C \tag{2-15}$$

$$\beta_R = \beta'_R + C \tag{2-16}$$

则

$$\beta = (\beta'_L + \beta'_R \pm 180°)/2 \tag{2-17}$$

$$C = (\beta'_L - \beta'_R \pm 180°)/2 \tag{2-18}$$

由此可见采取盘左、盘右观测水平角，取平均值作最终结果，可以消除视准轴不垂直于横轴所带来的误差。

7．横轴的检验

（1）检校目的：确保仪器的横轴垂直于竖轴（$HH \perp VV$），使得望远镜绕横轴旋转，视准轴所扫过的平面是一个铅垂面，而不是一个倾斜的平面。

（2）检验方法：从一较高处垂下一细线，挂上垂球，使其保持静止状态，在细线近处安设仪器，盘左、盘右分别瞄准高处的细线，然后将望远镜放平，如果竖丝仍旧与细线相重合，则说明全站仪的横轴垂直于竖轴，否则需要校正。

8．竖盘指标差的检验

（1）检校目的：确保竖盘指标线位于铅垂位置。

（2）检校方法：当望远镜视线水平时，读数比理论读数（$90°$或$270°$）略大或略小一角值，该值称为竖盘指标差，是由指标线位置不正确造成的。若盘左比始读数（$90°$）大 x 值，计算得到的竖直角就比实际值小 x 值；而盘右测得的竖直角就大了 x 值。

采取盘左、盘右观测竖直角，取平均值作最终结果，可以抵消竖盘指标差的影响。对竖盘指标差检验方法是仪器安置好后，选择一明显目标，分别盘左、盘右观测竖盘读数，用式（2-19）计算出竖盘指标差的值，若其值较大，则应进行校正。

$$x = (\delta_R - \delta_L)/2 = (L + R - 360°)/2 \tag{2-19}$$

四、注意事项

（1）圆水准器和管水准器的检验、竖盘指标差的检验属于测量工作开展前要经常自检的项目，应重点掌握。

（2）若使用中认为某方面可能存在问题，可以有针对性地进行专项检查。

（3）严格按照操作规程进行作业，并注意进行检核。

（4）非测绘专业人员，本实验内容或实际工作中对仪器的检查仅进行检验，若有问题，要送专门机构进行校正。

实验报告 11 全 站 仪 的 检 验

指导教师		组次		姓名	
日期		仪器		天气	
记录者		观测者		起止时间	

一、实验内容

二、实验操作方法

三、全站仪的检验表

一般性检测	三脚架		脚螺旋	
	制动与微动螺旋		电池电量	
	望远镜成像		显示器状态	
	照准部转动		棱镜及信号	
	望远镜转动			
水准管检验	检验（旋转照准部180°）次数		气泡偏离情况	处理
圆水准器检验	检验操作情况		气泡偏离情况	处理
光学对中器检验	检验操作情况		光学对中器、地面控制点吻合情况	处理
十字丝竖丝检验	检验操作情况		偏离情况	处理

续表

视准轴检验	竖盘位置	水平度盘读数 /(°　′　″)	两倍视准轴误差 $2C=L-(R\pm180°)$	处理
	左			
	右			

横轴的检验	横轴垂直于竖轴情况		处理	

竖盘指标差的检验	竖盘指标差的情况		处理	

四、实验心得

实验 2－12　全站仪坐标测量

全站仪坐标测量是测定目标点的三维坐标（X，Y，H）。实际上直接观测值是视线的方位角、竖直角和斜距，通过直接观测值，计算测站点与目标点之间的坐标增量和高差，加到测站点的已知三维坐标值上，最后显示目标点的三维坐标。全站仪坐标测量主要用于碎部点数据采集中。

一、实验目的与意义

本实验的目的与意义在于理解全站仪坐标测量的基本原理，熟练掌握根据已知坐标点进行坐标测量的主要步骤和方法。

二、实验任务

（1）了解全站仪坐标测量的基本方法。

（2）掌握全站仪进行建站、坐标测量的方法和步骤。

（3）选择实习场地内的建筑物、道路、花坛等的特征点，测量其点位坐标。

三、操作步骤

全站仪进行坐标测量，主要步骤有创建项目、建站、测量、测量数据下载等。以尼康全站仪为例，介绍全站仪坐标测量的主要步骤。

1．创建项目

创建项目相当于给该次碎部测量建立一个文件，后续的测量数据就存储在该文件中。一个项目的碎部测量只需创建一次项目，后续可直接打开该项目使用。

全站仪上按 键，开机，盘左状态下旋转望远镜以初始化全站仪→ 键→项目→ 键→按"创建"对应下的 →输入项目名称，如"JIAOCAI"，如图 2－22 所示，然后连续按两次 键即可。项目创建好后，默认立即打开该创建项目。

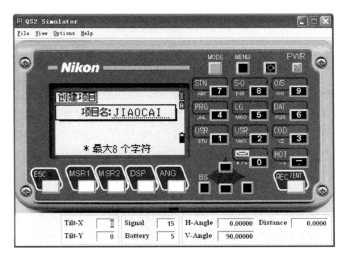

图 2－22　全站仪项目创建

2. 建站

以全站仪架设点 A(647.43，634.52，4.50)、后视棱镜点 B(913.46，748.63，6.45) 进行建站、检查控制点 C(752.37，694.52，5.55) 为例，讲述建站方法。

全站仪上操作步骤为 [STN/7]→已知→[REC/ENT]→输入点号 "1"→[REC/ENT]→输入控制点 A 的坐标 (647.43，634.52，4.50)→[REC/ENT]→输入该点的名称，即 "A"→[REC/ENT]→输入仪器高 i，假设其为 1.550m→[REC/ENT]→选择 "坐标"→[REC/ENT]→输入 "2"→[REC/ENT]→输入控制点 B 的坐标 (913.46，748.63，6.45)→[REC/ENT]→输入该点的名称，即 "B"→[REC/ENT]→输入棱镜高 v，假设其为 1.600m→[REC/ENT]→全站仪自动计算出了控制点 A 到控制点 B 的方位角，如图 2-23 所示。此时瞄准控制点 B，按[REC/ENT]，即将前述全站仪计算出的该方向上的方位角配置到水平度盘上，然后旋转照准部，水平度盘的读数实时变化。建站完成后，当望远镜瞄准任意目标，显示的水平度盘的读数即是该方向的方位角。

图 2-23　全站仪建站

3. 后视控制点检查

按[DSP]键，选择到显示坐标的第 4 个显示屏，后视控制点 B，按[MSR1]键，测量出其坐标，将测量出 B 点的坐标与其已知值相对比，看相差值是否在规范允许范围内，这一步主要是检查野外点位是否找准确、在全站仪上坐标及仪器高、后视棱镜高输入是否正确、仪器的对中情况等，从而全面检查建站是否正确。在野外测量中，最好在此基础上再瞄准另一个已知控制点 C，测量其坐标，并与其已知值相对比。

4. 碎部点测量

全站仪对一个碎部点测量的数据是全站仪到反射棱镜的斜距 D'、方位角 α、竖直角 δ，全站仪自动对显示的原始数据计算碎部点坐标。

如对未知点 1 进行碎部测量，其三维坐标的计算式为

$$\left.\begin{array}{l} X_1 = X_A + D' \cos\delta\cos\alpha \\ Y_1 = Y_A + D' \cos\delta\sin\alpha \\ H_1 = H_A + D' \sin\delta + i - v \end{array}\right\} \qquad (2-20)$$

碎部点测量的操作方法如下：

按 键，调整屏幕为显示坐标屏；瞄准在特征点 1 上立的安装有反射棱镜、觇牌的对中杆，按 键，设测量的数据竖盘读数为 85°00′00″，斜距 D' 为 80m，方位角 α 为 38°12′59″，依据式（2-20），全站仪即可自动计算所测特征点 1 的坐标，如图 2-24 所示。按 键，输入点名（没有点名也可以不输）。再按 键，即把特征点 1 的坐标存储到了全站仪里。这相当于完成了一个碎部点的测量，然后将对中杆移至下一个碎部点，继续测量。

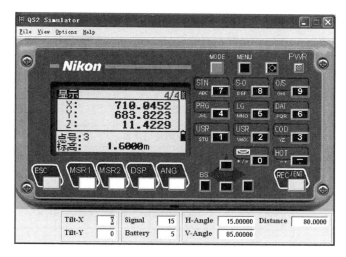

图 2-24 全站仪坐标测量

四、注意事项

（1）在作业前，应做好准备工作，给全站仪充好电，带上备用电池，当电池电量不足时，应立即停止操作，关机并更换电池。

（2）做好仪器的站点坐标设置、方位角设置、目标高和仪器高的输入工作，仪器高与棱镜高的量取要精确到毫米。定向时，瞄准目标一定要精确。

（3）进行建站时，在输入后视点坐标后、按"OK"键前一定要检查是否精确瞄准后视点。

实验报告 12 全站仪坐标测量

指导教师		组次		姓名	
日期		仪器		天气	
记录者		观测者		起止时间	

一、实验内容

二、实验操作方法

三、测量数据记录表格

全站仪坐标测量记录表

点号	地物	地貌	X 坐标/m	Y 坐标/m	H 坐标/m	备注

点号	地物	地貌	X 坐标/m	Y 坐标/m	H 坐标/m	备注

四、数据处理

五、影响测量结果的因素

六、实验心得

实验 2 - 13 导 线 测 量

导线是将测区内相邻控制点由直线相连而构成多段折线，这些控制点称为导线点、直线称为导线边。导线测量就是依次测定各导线边的长度和各转折角值；根据起算数据，推算各边的坐标方位角、坐标增量，从而求出各导线点的坐标。导线测量的工作分外业和内业。外业工作一般包括导线点的选点与埋设、导线边长测量、导线转折角测量；内业工作是根据外业的观测成果经过计算，最后求得各导线点的平面坐标。

一、实验目的与意义

本实验的目的与意义在于帮助学生掌握导线的外业工作的内容、方法和施测程序，掌握导线内业计算过程。

二、实验任务

（1）实地选点布设一条闭合导线，按照三级导线的技术要求施测。

（2）进行导线边长测量、导线转折角测量。

（3）闭合导线坐标内业计算。

三、操作步骤

1. 导线布设

在指定测区内选定 4 个导线点，构成一条由 4 条边组成的闭合导线，并打上木桩或建立相应的测量控制点标志。任选一控制点作为起始已知坐标点 A（200，400，500）（这点的坐标在实验外业测量过程中不用，内业计算工作中才用），其他三个点为未知导线点，以与 A 点相连的另一点 B 为起始导线边，假设 A 点到 B 的方位角为 $150°20'20''$。各导线点选定后应予以编号。选点时应充分考虑如下原则：

（1）导线点应选在地势较高、视野开阔、交通方便的位置，便于施测周围地形。

（2）导线点与前、后的导线点间要互相通视，便于测量水平角与距离。

（3）导线边长要大致相等，相邻边长不应差距过大。

（4）导线点位置应能架设仪器，且点位便于保存。

2. 导线边长测量

在各导线点上安置全站仪，前后导线点安置基座、反射觇牌，每测站测量全站仪至前后两点的斜距与竖直角，对导线各边均使用全站仪进行往、返观测。各项测量内容的测量方法及限差等按照相应规范进行，表 2 - 5 是《工程测量标准》（GB 50026—2020）规定的导线测量主要技术要求。

表 2 - 5　　　　　　　　　　　导线测量主要技术要求

等级	导线长度/km	平均边长/km	测角中误差/(″)	测距中误差/mm	测距相对中误差	测回数			方位角闭合差/(″)	相对闭合差
						DJ_1	DJ_2	DJ_6		
三等	14	3	±1.8	±20	≤1/150000	6	10	—	$3.6\sqrt{n}$	≤1/55000
四等	9	1.5	±2.5	±18	≤1/80000	4	6	—	$5\sqrt{n}$	≤1/35000

等级	导线长度/km	平均边长/km	测角中误差/(″)	测距中误差/mm	测距相对中误差	测 回 数			方位角闭合差/(″)	相对闭合差
						DJ$_1$	DJ$_2$	DJ$_6$		
一级	4	0.5	±5	±15	≤1/30000	—	2	4	$10\sqrt{n}$	≤1/15000
二级	2.4	0.25	±8	±15	≤1/14000	—	1	3	$16\sqrt{n}$	≤1/10000
三级	1.2	0.1	±12	±15	≤1/7000	—	1	2	$24\sqrt{n}$	≤1/5000

注 1. 表中 n 为测站数。

2. 当测区测图的最大比例尺为 1∶1000 时，一、二、三级导线的平均边长及总长可适当放宽，但最大长度不得大于表中规定值的 2 倍。

3. 导线转折角测量

对每一个导线转折角（即闭合导线的内角），采用测回法观测各内角两测回。

4. 闭合导线坐标计算

首先对全部外业观测数据进行认真检查、复核和整理，确认正确无误后进行成果检核。闭合导线角度闭合差不得超过 $±24″\sqrt{n}$（n 为导线点个数，即观测的转折角的个数）。

（1）导线点间水平距离的计算。计算公式为

$$D_{i,i+1}=D'_{i,i+1}\cos\delta_{i,i+1} \tag{2－21}$$

计算所得各条边的往返测水平距离取平均值作为该导线边的水平距离参与后续导线边的坐标增量计算。

（2）角度闭合差的计算与调整，角度闭合差为

$$f_\beta=\sum\beta_测-\sum\beta_理=\sum\beta_测-(n-2)\times180° \tag{2－22}$$

（3）若满足精度要求，则可计算角度改正数，各角的改正数为

$$v_{\beta_i}=\frac{1}{n}(-f_\beta) \tag{2－23}$$

（4）角度改正后角值为

$$\hat{\beta}_i=\beta_i+v_{\beta_i} \tag{2－24}$$

（5）依据导线起始边的坐标方位角推算导线各边的坐标方位角，即

$$\alpha_{i,i+1}=\alpha_{i-1,i}+\hat{\beta}_i-180°（为左角） \tag{2－25}$$

或

$$\alpha_{i,i+1}=\alpha_{i-1,i}-\hat{\beta}_i+180°（为右角）$$

以上计算过程的结果均应填入导线内业成果计算表的相应栏目内。

（6）坐标增量闭合差的计算与调整。先计算导线各边的纵、横坐标增量，即

$$\Delta X_{i,i+1}=D_{i,i+1}\cos\alpha_{i,i+1} \tag{2－26}$$

$$\Delta Y_{i,i+1}=D_{i,i+1}\sin\alpha_{i,i+1} \tag{2－27}$$

然后计算导线纵横坐标闭合差 $f_x=\sum\Delta x_{i,i+1}$，$f_y=\sum\Delta y_{i,i+1}$，由此可计算出导线全长闭合差 $f_D=\sqrt{f_x^2+f_y^2}$ 及全长相对闭合差 $K=\dfrac{f_D}{\sum D}=\dfrac{1}{\sum D/f_D}$，若精度达到要求，则可计算纵、横坐标闭合差改正数，计算式为

$$V_{\Delta X_{i,i+1}} = -f_x \frac{D_{i,i+1}}{\sum D} \Bigg\}$$

$$V_{\Delta Y_{i,i+1}} = -f_y \frac{D_{i,i+1}}{\sum D} \Bigg\} \tag{2-28}$$

改正后的坐标增量为

$$\Delta \widehat{X}_{i,i+1} = \Delta X_{i,i+1} + V_{\Delta X_{i,i+1}} \Bigg\}$$

$$\Delta \widehat{Y}_{i,i+1} = \Delta Y_{i,i+1} + V_{\Delta Y_{i,i+1}} \Bigg\} \tag{2-29}$$

（7）计算各导线点的坐标。依据已知点的坐标依次推算各导线点的纵、横坐标：

$$X_{i+1} = X_i + \Delta \widehat{X}_{i,i+1} \Bigg\}$$

$$Y_{i+1} = Y_i + \Delta \widehat{Y}_{i,i+1} \Bigg\} \tag{2-30}$$

最后还应推算到起点的坐标，其值应与原有的已知坐标数值相等，以进行校核。计算过程中，若角度闭合差或导线全长相对闭合差 K 未达到精度要求，应仔细查找原因；若仍达不到精度要求，应重测。

四、注意事项

（1）点位应选在土质坚实处，便于保存标志和安置仪器。

（2）导线的边长、相邻点间应通视良好，地势较平坦，便于测角和量距。

（3）应在每一个导线点上安置仪器，每一条边都要往返双向观测。按相应等级水平角测量的测回数要求测量导线点至前、后两点间的水平角。

（4）外业测量过程中应边测量边检核，误差超限的应立即重测。

（5）内业计算中要严格按照步骤进行。如果角度闭合差超限，必须进行检查或重测，合格后才能进行后续计算。

实验报告 13 导 线 测 量

指导教师		组次		姓名	
日期		仪器		天气	
记录者		观测者		起止时间	

一、实验内容

二、实验操作方法

三、测量数据记录表格

导线示意图：

导线边长测量外业数据表

测站	目标	盘位	竖盘读数 /(° ′ ″)	半测回竖直角 /(° ′ ″)	指标差 /(″)	一测回竖直角 /(° ′ ″)	斜距 /m	平距 /m

续表

测站	目标	盘位	竖盘读数 /(° ′ ″)	半测回竖直角 /(° ′ ″)	指标差 /(″)	一测回竖直角 /(° ′ ″)	斜距 /m	平距 /m

导线观测水平角记录表

测站	目标	盘位	读数 /(° ′ ″)	半测回角值 /(° ′ ″)	一测回角值 /(° ′ ″)	各测回平均角值 /(° ′ ″)

测站	目标	盘位	读数 /(° ′ ″)	半测回角值 /(° ′ ″)	一测回角值 /(° ′ ″)	各测回平均角值 /(° ′ ″)

闭合导线坐标计算表

点名	观测角 /(° ′ ″)	V_β /(″)	方位角 /(° ′ ″)	边长 /m	坐标增量		坐标增量改正数		改正后坐标增量		坐标	
					ΔX	ΔY	$V_{\Delta X}$	$V_{\Delta Y}$	$\Delta \hat{X}_{i,i+1}$	$\Delta \hat{Y}_{i,i+1}$	X	Y
辅助计算												

续表

四、影响测量结果的因素

五、实验心得

实验 2 - 14　三 角 高 程 测 量

随着光电测距技术的突破及全站仪的普及，三角高程测量确定两点间高差的方法在实际工程中应用越来越广泛。三角高程测量方法具有作业效率快、精度高的特点，实践证明其完全可以达到四等水准测量的精度。

一、实验目的与意义

本实验的目的与意义在于理解全站仪三角高程的测量原理，掌握全站仪三角高程测量的观测记录和计算方法。

二、实验任务

（1）在相隔较远、高差较大的相互通视的两点之间进行三角高程测量，一个点架设全站仪，另一个点架设反射棱镜。

（2）测量全站仪到反射棱镜的距离和视线的竖直角，量取仪器高度和棱镜高。

（3）互换全站仪、反射棱镜的位置，进行返测。

三、操作步骤

全站仪三角高程测量的操作步骤详述如下：

如图 2 - 25 所示，在 A 点架设全站仪，B 点上架设反射棱镜，测定仪器到反射棱镜的距离 SD 和视线的竖直角 δ，量取仪器高度 i、棱镜高 v，则由图 2 - 25 可得 A、B 两点高差：

$$h_{AB} = SD\sin\delta + i - v \qquad (2-31)$$

若两点间距离较远、高差较大，还要对测得的两点高差进行球气差改正，其计算式为

$$f = 0.429 \frac{D^2}{R} \qquad (2-32)$$

式中：D 为两点间水平距离；R 为地球半径，取 6371km。

四、注意事项

（1）在阳光下使用全站仪测量时，一定要撑伞遮掩仪器，严禁用望远镜正对太阳。仪器及棱镜要有人守护，切忌用手触摸反光镜及仪器的玻璃表面。

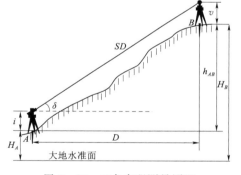

图 2 - 25　三角高程测量原理

（2）竖直角观测时应以中丝横切于棱镜中心，安置好仪器后应及时量取仪器高，以免漏测。

（3）仪器高为地面标志点到全站仪竖盘中心标志的斜高、棱镜高为地面标志点到反射棱镜配套的觇牌左右三角形标志处的斜高。

（4）两点之间高差相差大、距离远，要进行往返对向观测，并考虑球气差改正，取往返测高差平均值作为最终结果。

实验报告 14　三 角 高 程 测 量

指导教师		组次		姓名	
日期		仪器		天气	
记录者		观测者		起止时间	

一、实验内容

二、实验操作方法

三、测量数据记录表格

三角高程观测记录表（对向观测法）

测段	仪器所在点：		仪器高：	棱镜所在点：		目标高：		对向高差/m
	竖盘位置	竖盘读数 /(° ′ ″)	半测回竖直角 /(° ′ ″)	一测回竖直角 /(° ′ ″)	斜距 /m	球气差改正 /m	高差 /m	
	仪器所在点：		仪器高：	棱镜所在点：		目标高：		
	竖盘位置	竖盘读数 /(° ′ ″)	半测回竖直角 /(° ′ ″)	一测回竖直角 /(° ′ ″)	斜距 /m	球气差改正 /m	高差 /m	

测段	仪器所在点：		仪器高：	棱镜所在点：		目标高：		对向高差/m
	竖盘位置	竖盘读数 /(° ′ ″)	半测回竖直角 /(° ′ ″)	一测回竖直角 /(° ′ ″)	斜距 /m	球气差改正 /m	高差 /m	
	仪器所在点：		仪器高：	棱镜所在点：		目标高：		
	竖盘位置	竖盘读数 /(° ′ ″)	半测回竖直角 /(° ′ ″)	一测回竖直角 /(° ′ ″)	斜距 /m	球气差改正 /m	高差 /m	

测段	仪器所在点：		仪器高：	棱镜所在点：		目标高：		对向高差/m
	竖盘位置	竖盘读数 /(° ′ ″)	半测回竖直角 /(° ′ ″)	一测回竖直角 /(° ′ ″)	斜距 /m	球气差改正 /m	高差 /m	
	仪器所在点：		仪器高：	棱镜所在点：		目标高：		
	竖盘位置	竖盘读数 /(° ′ ″)	半测回竖直角 /(° ′ ″)	一测回竖直角 /(° ′ ″)	斜距 /m	球气差改正 /m	高差 /m	

测段	仪器所在点：		仪器高：	棱镜所在点：		目标高：		对向高差/m
	竖盘位置	竖盘读数 /(° ′ ″)	半测回竖直角 /(° ′ ″)	一测回竖直角 /(° ′ ″)	斜距 /m	球气差改正 /m	高差 /m	
	仪器所在点：		仪器高：	棱镜所在点：		目标高：		
	竖盘位置	竖盘读数 /(° ′ ″)	半测回竖直角 /(° ′ ″)	一测回竖直角 /(° ′ ″)	斜距 /m	球气差改正 /m	高差 /m	

四、影响测量结果的因素

五、实验心得

实验 2-15 平差易软件的使用

平差易（Power Adjust 2005，简称 PA2005）由广东南方数码科技有限公司开发，是在 Windows 系统下用 VC 开发的控制测量数据处理软件，采用 Windows 的数据输入技术和多种数据接口，同时辅以网图动态显示，实现了数据处理、平差报告自动生成功能，包含详细的精度统计和网形分析信息，其界面友好，功能强大，操作简便，可在 Windows95、Windows98、Windows2000 和 WindowsXP 下安装运行，是控制测量理想的数据处理工具。软件的相关资料可进南方数码生态圈网站下载。

一、实验目的与意义

本实验的目的与意义在于熟悉南方平差易软件的基本功能，掌握基本的操作步骤。

二、实验任务

（1）熟悉南方平差易软件界面。

（2）练习使用南方平差易软件进行平差中的数据输入、坐标推算、选择概算、输入控制网属性、确定计算方案等操作步骤。

（3）平差易软件自带有一些控制网的观测数据，可以进行练习平差步骤使用。

三、操作步骤

平差易主界面中包括测站信息区、观测信息区、图形显示区以及顶部下拉菜单和工具条，如图 2-26 所示。

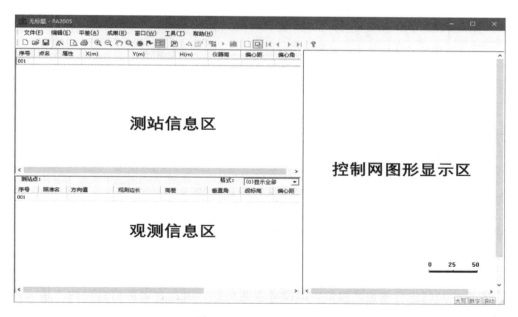

图 2-26 平差易主界面

下面以如图 2-27 所示的附合导线及表 2-6 观测数据为例，简要阐述平差易软件的使用步骤。

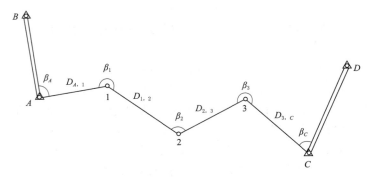

图 2-27 附合导线计算略图

表 2-6 观测数据

点名	观测角 /(° ′ ″)	边长 /m	坐 标/m	
			x	y
B			428.806	136.845
A	87 09 24		259.485	181.063
		143.752		
1	236 29 40			
		198.142		
2	109 41 58			
		180.148		
3	245 04 50			
		211.316		
C	85 00 04		153.940	801.684
D			364.255	917.302
Σ		733.358		

1. 数据的输入

(1) 打开平差易软件，如图 2-28 所示。

(2) 在测站信息区的序号 001 所在的第一行依次输入 B 点的点名、属性及坐标，如图 2-29 所示。属性确定原则：用两位数区别已知点与未知点，第一位表示平面坐标、第二位表示高程；相应地用 1 表示已知点、0 表示未知点，即若该点是未知点，则输入 00 表示；若该点是有平面坐标而无高程的已知点，则输入 10 表示；若该点是无平面坐标而有高程的已知点，则输入 01 表示；若该点既有平面坐标也有高程，则输入 11 表示。B 点上没有安设全站仪进行测边、测角，即没有观测信息，因此在观测信息区内不输入内容。序号指已输测站点个数，B 点所在行的序号为 001，其测站信息输入完毕后，下一行的序号值会自动变为 002。

(3) 在测站信息区的第二行依次输入 A 点的点名、属性及坐标，并在观测信息区的第一行输入照准点 B 及方向值 0；在观测信息区的第二行输入照准点 1 及方向值

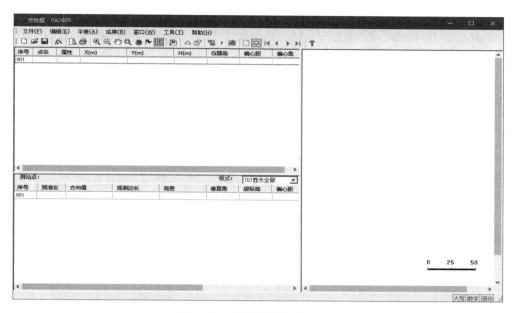

图 2 - 28 平差易软件启动界面

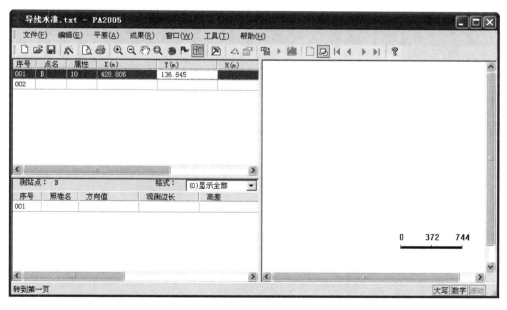

图 2 - 29 平差易软件测站信息输入方法

87.0924（即 87°09′24″）、观测边长 143.752，如图 2 - 30 所示。

注意：每站的第一个照准点即为定向，其方向值必须为 0，而且定向点只有一个，为测回法或全圆观测法中的上半测回瞄准的起始方向。

（4）依据上述方法，依序输入导线其他 1、2、3、C、D 各点的测站信息与观测信息，如图 2 - 31 所示。

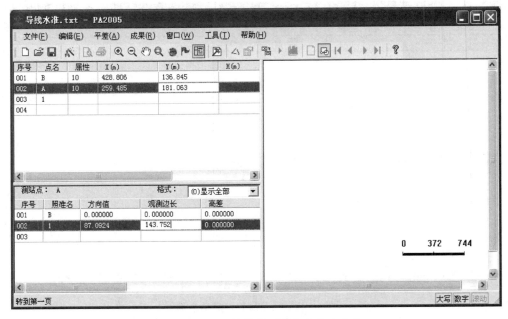

图 2-30 平差易软件观测信息输入方法

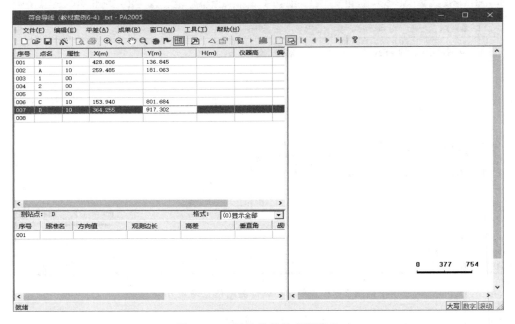

图 2-31 平差易软件观测信息

2. 坐标推算

根据输入的数据推算出待测点的近似坐标，作为构成动态网图和进行导线平差的基础。用鼠标点击菜单"平差→坐标推算 F3"即可进行坐标推算，如图 2-32 所示。

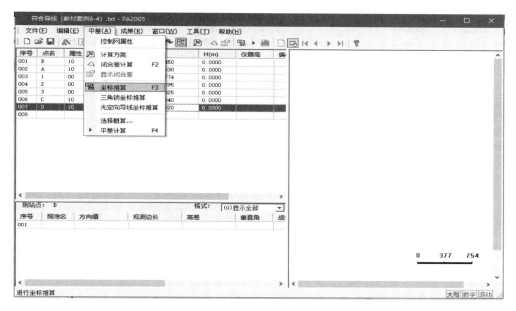

图 2-32 平差易软件平差过程中的坐标推算

3. 选择概算

概算主要是对观测数据进行一系列的改化。用鼠标点击菜单"平差→选择概算……"
即可进行概算，如图 2-33 所示。可以进
行概算的项目有：归心改正、气象改正、
方向改化、边长投影改正、边长高斯改
化、边长加乘常数改正和 Y 含 500 公里，
只需要在需要进行概算的项目前打"√"
即可。前述概算项目根据实际的需要来选
择是否进行，本步骤不是必须要进行。

4. 输入控制网属性

控制网属性实质就是在文本框内输入
与本平差控制网相关的信息，如网名、日
期、观测人、记录人、计算者、计算软
件、测量单位、备注，用鼠标点击菜单
"平差→控制网属性"即可，如图 2-34
所示。这步操作对控制网的平差计算没有
任何的影响，只是起到对该控制网相关信

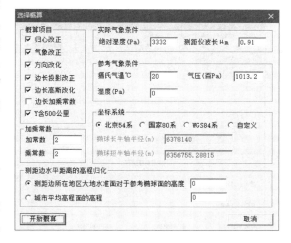

图 2-33 平差易软件平差过程中的
概算项目选择及相关参数确定

息文本的输入、存储作用，其内容在最后的平差报告首页中原文显示。

5. 确定计算方案

选择计算方案，就是选择控制网的等级、参数和平差方法。用鼠标点击菜单"平差→
平差方案"即可进行参数的设置。示例中的计算方案，如图 2-35 所示。

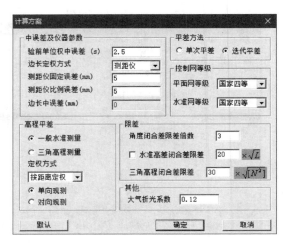

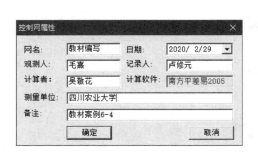

图 2-34 平差易软件平差过程中的
控制网属性输入

图 2-35 平差易软件平差过程中的计算方案确定

6. 闭合差计算与平差

用鼠标点击菜单"平差→闭合差计算 F2"即可计算控制网的闭合差。计算的结果，在测站信息区，显示闭合差的值并对闭合差进行检验；在观测信息区，显示网形类别、各项闭合差、控制网精度；在控制网图形显示区，依据平差结果显示出控制网的图形。如图 2-36 所示。

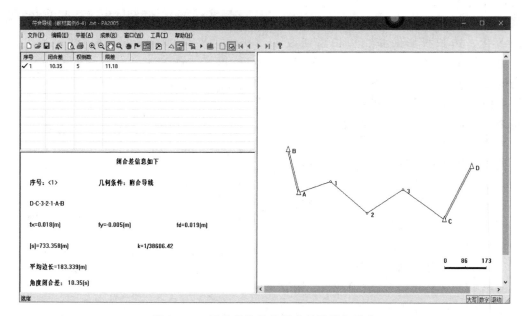

图 2-36 平差易软件的闭合差计算与平差

（1）在测站信息区，依据闭合差与其限差的关系，判定平差对象的精度是否满足限差要求。在闭合差计算过程中"序号"位置，用不同符号表示闭合差的情况：用"!"表示该对象闭合差超限，用"√"表示该对象闭合差合格，用"×"表示该对象没有闭合差或无法计算出闭合差。如图 2-36 所示，"序号"位置的符号为"√"，表明平差导线的角度符合四等导线对角度的精度要求。

（2）在观测信息区，显示平差对象为附和导线，以及在 X 轴、Y 轴方向上的坐标闭合差、全长闭合差和全长相对闭合差，从而可以判定该平差对象的精度。

（3）在控制网图形显示区，显示出控制网中各控制点构成的一条附和导线。

（4）点击"平差→平差计算 F4"，软件即完成平差计算。

7. 平差成果输出

（1）可以查看平差结果点位精度统计，点击菜单"成果→精度统计"，如图 2-37 所示。

（2）可以查看控制网信息分析等内容，点击菜单"成果→网形分析"，如图 2-38 所示。

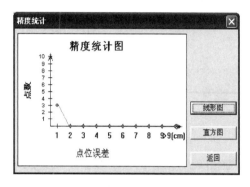

图 2-37　平差易软件平差结果精度统计

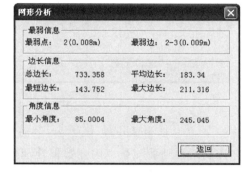

图 2-38　平差易软件平差结果的控制网网形分析

（3）最后输出平差结果，点击菜单"成果→输出到 WORD"。

软件生成平差 WORD 报告，包含［控制网概况］、［方向观测成果表］、［距离观测成果表］、［平面点位误差表］、［平面点间误差表］、［控制点成果表］。本处节选该示例的平差 WORD 报告中的［控制点成果表］部分，如表 2-7 所列。

表 2-7　　　　　　　　　　　　控 制 点 成 果 表

点名	X/m	Y/m	H/m	备注
B	428.8060	136.8450		已知点
A	259.4850	181.0630		已知点
1	302.6631	318.1769		
2	177.9307	472.1259		
3	271.4814	626.0803		
C	153.9400	801.6840		已知点
D	364.2550	917.3020		已知点

平差完、生成平差报告后，还可查看控制网的有关输入数据。如图 2-39 所示，右侧区域显示控制网的图形，当需要查看某一测站的观测信息时，鼠标在测站信息区点击到该测站，软件在控制网上该控制点自动标一小红旗表示，以方便对其进行检核。

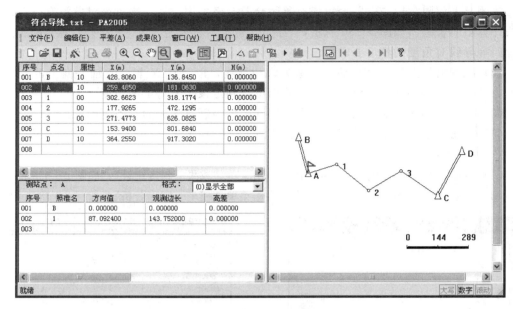

图 2 - 39 平差易软件的平差结果

8. 平差易的粗差检查

控制网在外业测量、内业数据处理过程中，可能出现测错、记错、数据使用错误，从而导致角度闭合差超限或导线全长闭合差超限。这里简要介绍利用平差易软件对导线进行错误检查功能的使用方法。

平差易软件对导线进行粗差检查的步骤如下：

（1）按照前述介绍的平差步骤，一直到完成闭合差计算。

（2）在观测信息区内，显示的是该条导线闭合差详细情况，在观测信息区内点击鼠标的右键，即可显示"平面查错"和"闭合差信息"两个选项。

（3）点击"平面查错"项即可显示"平面角度、边长查错信息"，列出各角检系数、边检系数，并在该表下方提示最有可能存在错误的角度、边长。角检系数是指导线在往返推算时各点位的偏移量，判定存在错误的方法是偏移量越小，该点的角度存在错误的可能越大；偏移量越大，该点存在错误的可能性越小。边检系数指导线的全长闭合差的坐标方位角与各条导线方位角的差值，判定存在错误的方法是差值越小，该条边的边长存在错误的可能性越大；差值越大，条边的边长存在错误的可能性越小。如各检测系数相同或相差不大时，则导线就没有粗差。

以图 2 - 27 所示的附合导线为例，在计算完闭合差后，鼠标右键点击显示闭合差的区域，选择"平面查错"，即在该区域显示出该导线的角检系数、边检系数在观测信息区显示出来，并提示可能存在错误的角度、边长，如图 2 - 40 所示。

由图 2 - 40 可见，各角检系数、边检系数相差不大，可判定导线不存在错误的角度或边长。

现将其观测值有意输错，看其存在错误观测值情况下的角检系数、边检系数，验证通

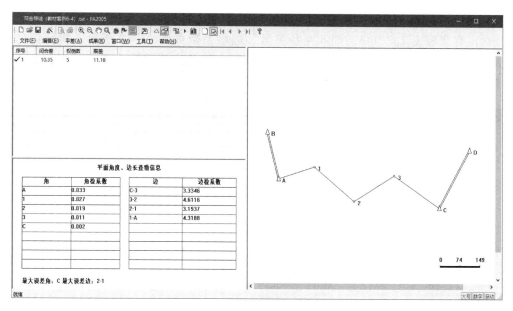

图 2 - 40　平差易软件的角检系数、边检系数

过角检系数、边检系数来判定可能存在错误的角度或边长与实际有意输错的角度、边长是否一致。

（1）将点 2 上原观测角度 109.4158，有意输为 119.4158，则其角检系数、边检系数如图 2 - 41 所示。在测站信息区显示角度闭合差超限，在有意输错角度值的点 2 处观测角的角检系数相比其他点处观测角的角检系数小很多，而且在表的下方也提示出最大误差角 2。可见平差易软件对角度存在错误的判定正确。

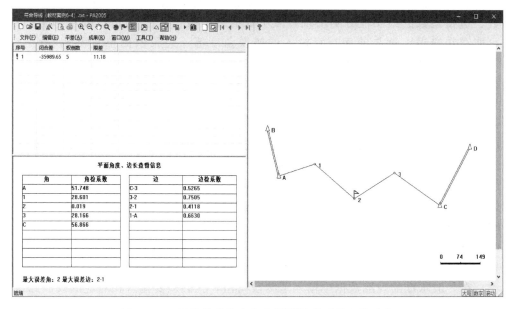

图 2 - 41　平差易软件在角度错误情况下的角检系数

（2）将步骤（1）中点 2 处的错误角度改回其原观测值，然后将 2—3 的边长观测值 180.148，有意输为 108.148，则其角检系数、边检系数如图 2—42 所示。测站信息区显示角度闭合差合格，但边 3—2 的边检系数相比其他边的边检系数小很多，而且在表的下方也提示出最大误差边为 3—2。可见平差易软件对边长存在错误的判定正确。

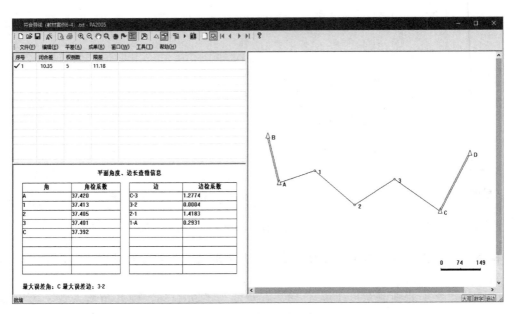

图 2—42　平差易软件在边长错误情况下的边检系数

（3）将点 2 上原观测角度 109.4158，有意输为 119.4158；同时将 2—3 的边长观测值 180.148，有意输为 108.148，则其角检系数、边检系数如图 2—43 所示。可见，角检系数、边检系数的最小值分别出现在点 1 处的观测角、3—2 的边，提示相应的角度、边长可能存在错误，这与前面有意输入的错误角度值、边长值的位置不相吻合。这说明如果导线存在两个错误对象（一个为角度错误、另一个为边长错误或两个均为角度错误或两个均为边长错误），甚至更多的错误情形，软件则无法准确判断出可能存在的错误处。

使用平差易进行粗差检查的注意事项：

（1）在角度闭合差没有超限时才能进行边长检查；如果角度闭合差超限，则要先解决角度超限的问题，然后才能进行边长检查。

（2）当只有一个角度或一条边长存在错误时才能进行平面查错，若两个或两个以上的观测值存在错误，软件提供的检测结果就不十分准确。

四、注意事项

（1）在数据输入过程中，注意随时点击菜单"文件＼另存为"，将输入的数据保存为平差易数据格式文件。

（2）在一般水准的观测数据中输入了测段高差，就必须要输入相对应的观测路线长度或路线上的测站数，否则平差计算过程会出错。

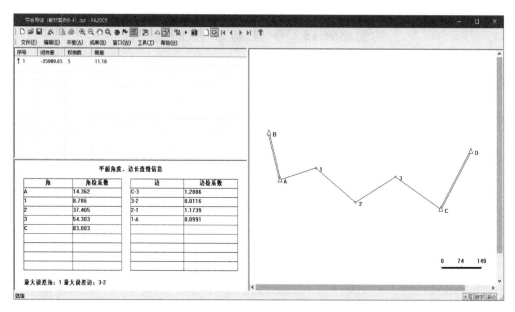

图 2-43 平差易软件在多个错误情况下的角检、边检系数

实验报告 15 平差易软件的使用

指导教师		组次		姓名	
日期		起止时间			
数据输入		平差			

一、实验内容

二、实验操作方法

三、平差易软件使用记录表
数据输入步骤:
平差步骤:
平差结果坐标、精度:
四、实验心得

实验 2 - 16　全站仪碎部测量

全站仪碎部测量就是在图根控制点上架设全站仪，对地物、地貌等地形图要素特征点的三维坐标进行测定。

一、实验目的与意义

碎部测量是地形图测量的重要工作，主要就是测量地貌、地物特征点的三维坐标。本实验的目的与意义在于熟悉碎部测量应该测量的点位，掌握全站仪进行测量碎部点前的任务创建、建站及碎部点测量的操作。

二、实验任务

（1）认识测区内的地物、地貌特征点。

（2）练习全站仪进行任务创建、建站操作。

（3）对测区内的碎部点进行测量。

三、操作步骤

（一）地物、地貌特征点的认识与选择

地面上各种固定的物体，如道路、河流、森林、草地及其他各种人工建筑物，称为地物；高山、深谷、陡坎、悬崖、丘陵、冲沟及地表高低起伏的坡面，称为地貌。

地物的测量通常是确定其外轮廓线，而其外轮廓线一般是直线或曲线。如图 2 - 44 所示，房屋可以由几段直线表示，交通道路、河流可以由曲线表示，曲线又可由多段折线表示。要在地形图上反映地物，只需测定地物的各直线端点、曲线的转折点，这些需测点称为特征点。

图 2 - 44　地物、地貌的特征点

地貌主要是要反映出地表的高低起伏状态，除了陡坎、悬崖等用特定符号表示外，一般采用等高线来表示地面的高低变化。如图 2-44 所示的两小山头，山头坡面的起坡点、山脊线上点、鞍部、山顶等点位就是地貌特征点。测定这些地貌特征点后，即可绘制等高线。

（二）全站仪的任务创建、建站操作

本实验采用全站仪进行碎部测量，下面以中维 2″级全站仪为例介绍使用全站仪进行碎部测量的步骤。

1. 准备工作

将控制点、图根点的三维坐标抄录在成果表上备用，测量过程中采用全站仪加勾绘草图，内业工作采用 CASS 软件成图的数字测图方法（内业成图工作参见实验 2-17）。如图 2-45 所示，在开始应用全站仪测图程序之前，需进行任务创建、建站等操作，在选择一个应用程序（数据采集）后，启动程序准备界面，可以一项一项地进行设置。例如，在常规测量界面按 MENU，选择 F1〔数据采集〕，首先会显示程序准备界面。

2. 设置作业

全部数据都存储在作业里，作业包含不同类型的数据（例如测量数据、编码、已知点、测站等）。可以单独管理，可以分别读出，编辑或删除。如图 2-45 所示，按 F1〔设置作业〕，进入设置作业界面，通过左右导航键选择作业，选定之后，按 F4〔确定〕。如果内存中没有拟选用的作业，按 F1〔新建〕可以新建一个作业，输入作业名和作业员（作业员可不输）。按 F4〔确定〕，设置作业完成。如果没有定义作业就启动应用程序，仪器会延续上一次的设定。如果从未设定作业，仪器会自动创建一个名为"DEFAULT"的作业。

3. 建站操作

在设置测站过程中，测站坐标可以人工输入，也可以在仪器内存中读取。

（1）在程序准备界面按 F2〔设置测站〕，进入设置测站界面，如图 2-46 所示。

图 2-45 设置作业   图 2-46 设置测站

（2）输入测站点号，然后按 F4〔确定〕。

（3）输入仪器高，按 F4〔确定〕。

若不记得点号，可以通过 F1〔查找〕或者 F2〔列表〕来选择测站点。若仪器没有储存测站坐标，可以通过 F3〔坐标〕输入测站点号和坐标。所有测量值与坐标计算都与测站坐标有关，测站坐标应至少包含平面坐标（X，Y），如有需要，请输入高程。如果未设置测站便开始测量，仪器默认为上一次的设定。

4. 定向

所有测量值和坐标计算都与测站定向有关。在定向过程中，可以通过手工方式输入，也可根据测量点或内存中的点进行设置。

（1）人工定向：直接输入测站点至后视点连线的方位角。

1）在程序准备界面按 F3 [定向]，进入定向界面。

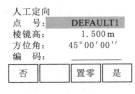

人工定向

点　号：	DEFAULT1
棱镜高：	1.500m
方位角：	45°00′00″
编　码：	

| 否 | | 置零 | 是 |

图 2-47　人工定向

2）按 F1 [人工定向]，进入人工定向界面，如图 2-47 所示。

3）输入测站点至后视点连线的方位角，并照准后视点，按 F4 [是] 完成定向。按 F3 [置零] 可将方位角设置为 0。

（2）坐标定向：通过已知坐标来定向，已知坐标可以人工输入，也可以在仪器内存中读取。后视点坐标至少需要平面坐标（X，Y），如有需要，也可输入高程。如果未定向且启动了一个程序，则仪器当前角度值就已设为定向值。

1）在程序准备界面按 F3 [定向]，进入定向界面，如图 2-48 所示。

坐标定向
输入后视点！

| 后视点： | 2 |

| 查找 | 列表 | 坐标 | 确定 |

（a）第一步

坐标定向

点　号：	2
方位角：	45°00′00″
镜　高：	1.500m
编　码：	

| 测距 | EDM | 设定 | P↓ |

（b）第二步

坐标定向

HA:	60°00′00″
HD:	10.000m
dHD:	−8.586m
dVD:	0.100m

| 测距 | EDM | 设定 | P↓ |

（c）第三步

图 2-48　坐标定向

2）按 F2 [坐标定向]，进入坐标定向界面。

3）输入后视点，然后按 F4 [确定]。

4）屏幕显示计算出的方位角，照准目标，按 F1 [测距] 测量距离，再按 F3 [设定] 完成定向。

如果没有按 F1 [测距]，直接按 F3 [设定]，则是在没有测距的情况下进行定向。

（三）碎部点测量

完成程序准备设置（设置作业、设置测站、定向）后，按 F4 [开始]，开始数据采集，如图 2-49 所示。

按导航键上下，选择要输入的数据，包括点号、镜高和编码，其中点号必须输入。照准目标后，按 F4 测存，测量目标点坐标并保存至当前作业，这样测量的碎部点坐标，就直接存在全站仪里。

四、注意事项

（1）测量员在一测站开始观测前，应观察测区内地形，确定碎部点观测顺序。

（2）碎部点测量过程中，每测若干碎部点后，最好重新瞄准后视方向进行检查。

（3）对所测碎部点，要画草图，标明哪些碎部点相连是何种地物。

（4）每一测站的工作结束后，应在测绘范围内，检查地物、地貌是否漏测、少测，各类地物名称和地理名称等是否记录齐全，在确保没有错误和遗漏后，可迁至下一站。

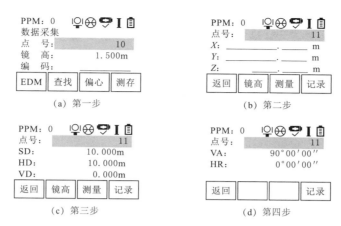

图 2 - 49 碎部点测量

实验报告 16 碎 部 测 量

指导教师		组次		姓名	
日期		仪器		天气	
记录者		观测者		起止时间	

一、实验内容

二、实验操作方法

三、影响测量结果的因素

四、实验心得

实验 2-17 CASS 软件数字化成图

数字化成图就是在外业测得的碎部点点位数据的基础上，借助数字成图软件来生成电子地形图。

一、实验目的与意义

目前使用较普遍的地形地籍成图软件是广东南方数码科技股份有限公司基于 Auto-CAD 平台技术研发的 CASS 软件，其广泛应用于地形图成图、地籍成图、工程测量应用、空间数据建库和更新等领域。本实验的目的与意义在于帮助学生掌握 CASS 软件成图的基本方法。

二、实验任务

（1）认识 CASS 软件的基本功能。

（2）练习将数据从全站仪导出到电脑。

（3）练习用 CASS 软件成图。

（4）进行图幅整饰、图形分幅。

（5）用 CASS 软件自带的数据，完成相应区域的地形图成图。

三、操作步骤

广东南方数码科技股份有限公司基于 AutoCAD 平台技术研发的 CASS 软件具有完全知识产权的 GIS 前端数据处理系统，广泛应用于地形成图、地籍成图、工程测量应用、空间数据建库和更新等领域，该软件打开后界面如图 2-50 所示（版本为 10.1）。

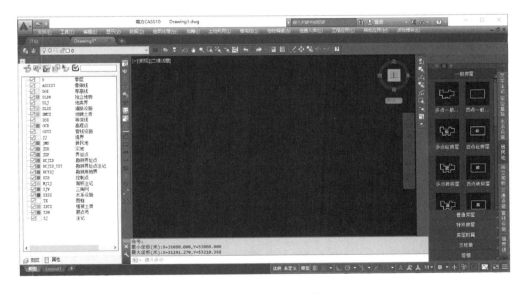

图 2-50 CASS10.1 软件界面

利用 CASS 软件进行地形图的数字化内业成图，主要流程为：数据导入→绘平面图→绘等高线→加注记→加图框，具体操作步骤如下：

（一）数据导入

1. 全站仪导出碎部点数据

首先打开 CASS 软件与全站仪，通过通信电缆连接全站仪与电脑，匹配两者之间的通信参数、选择正确的通信接口，电脑上创建存储碎部点数据的文件，确认后即可将测量后存于全站仪上的碎部点的数据下载到电脑。

2. 选择数据文件

点击"绘图处理"下拉菜单→定显示区→选择数据文件，此处选择 CASS 软件自带的数据文件 STUDY.DAT，如图 2-51 所示。

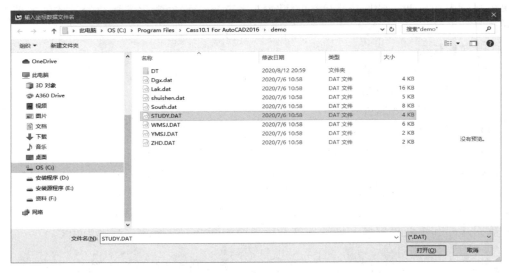

图 2-51 选择数据文件

3. 导入碎部点数据

点击打开数据文件，即将选择的数据文件中的数据导入 CASS 软件，并显示所有坐标的最大、最小 X、Y 值，即所有碎部点所在的矩形区域，如图 2-52 所示。

4. 设置比例尺

点击"绘图处理"下拉菜单→改变当前图形比例尺，确定所需要成图的比例尺，这里只需要输入比例尺的分母。系统默认的地形图是 1：500，若成图比例尺为 1：500，可直接回车确认，如图 2-53 所示。

5. 展点

点击"绘图处理"下拉菜单→展野外测点点号，如图 2-54 所示，展绘出各点的点号。

（二）地物绘制

1. 控制点

先在界面右侧的符号大类里找到"定位基础"→平面控制点→导线点，输入四等导线点 ST01 对应的点号 1，"等级-点号"处输入"四-ST01"，就以分数的形式在点号为 1 的位置上展绘出四等导线点 ST01 控制点，其分子表示为 Ⅳ ST01，分母为该点的高程值

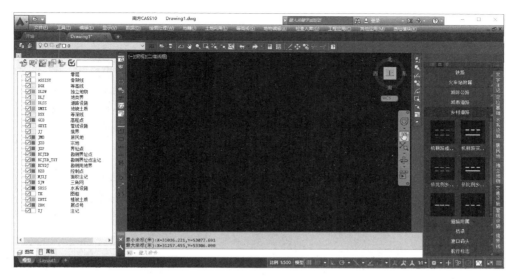

图 2-52　测区测量点统计

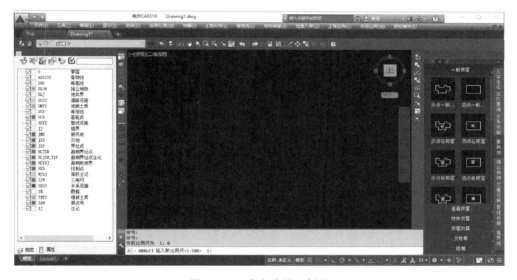

图 2-53　确定绘图比例尺

495.80；相同方法展绘另一个控制点 ST02，结果如图 2-55 所示。

2. 道路

　　首先在界面右侧的符号大类里找到"交通设施"→乡村道路→依比例乡村路，然后顺序输入道路一侧碎部点的点号 92、45、46、47、48；输完后回车，拟合线输入 y（即是对前面输入点连成的折线段进行曲线拟合）；对道路的另一边的确定选择"边点式"（即现在已经绘制出了道路的一边，确定出道路另外一边上的一个点，即确定出道路的另一边的位置），输入道路另外一边上点的点号 19，回车，即绘制出测量区域内的一段道路，如图 2-56 所示。

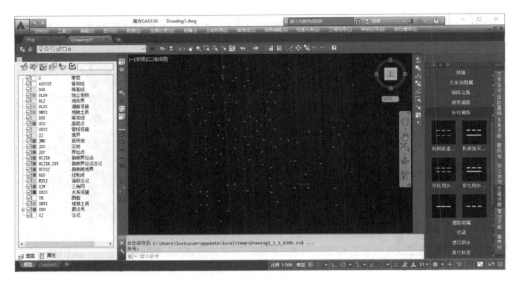

图 2-54　展野外测点点号

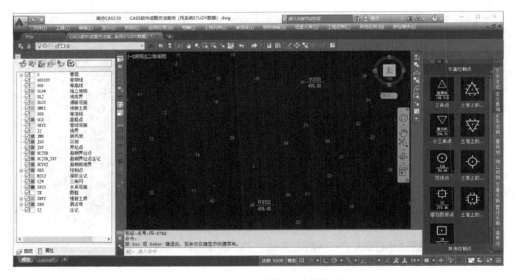

图 2-55　CASS 软件展绘控制点

3. 房屋

如图 2-57 所示，先在界面右侧的符号大类里找到"居民地"→多点混凝土房屋，然后顺序输入房屋角点的点号及操作命令，49、50、51、J（这是房屋凹进去的一个角点，未测量，采用隔一点的方法，即通过这种方法确定一点，使得这点与前后两点的连线相垂直）52、53、C（即 53 号点与第一点 49 连线，形成封闭范围），最后按提示，输入该房屋的层数 3。结果如图 2-57 所示，在房屋范围内有"混凝土 3"字样，即 3 层的混凝土楼房。

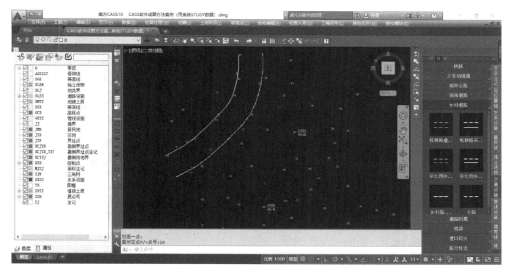

图 2-56　CASS 软件绘制道路

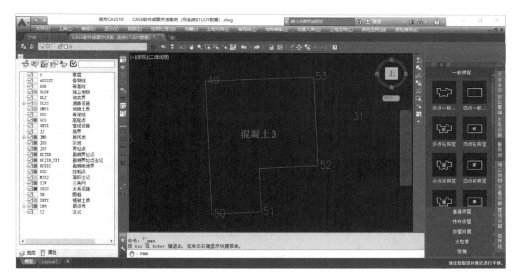

图 2-57　CASS 软件绘制房屋

4. 菜地

先在界面右侧的符号大类里找到"植被土质"→菜地，选择（1）绘制区域边界，依序输入边界点的点号 15、11、16、17，输入 C（构成一个封闭区域），最后选择不拟合边界、保留边界，软件自动用菜地符号填充该封闭区域，结果如图 2-58 所示。

5. 垣栅

垣栅的绘制，先在界面右侧的符号大类里找到"居民地"→垣栅→依比例围墙，按顺序输入点号 4、5、7、8，拟合输入 N（即不拟合），输入墙宽（左＋右－），输入 0.5（这里的意思是墙体宽度是 0.5m），垣栅即绘制完成，结果如图 2-59 所示。

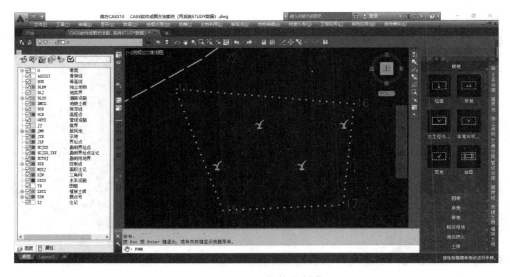

图 2 - 58　CASS 软件绘制菜地

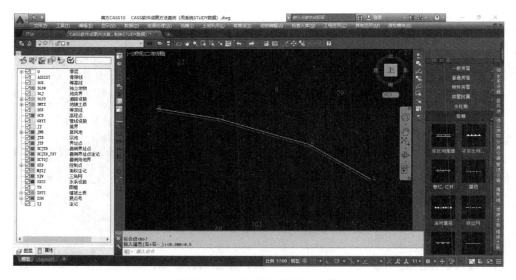

图 2 - 59　CASS 软件绘制垣栅

6. 陡坎

加固的陡坎属于人工地貌，将其纳入地物部分来介绍其绘制方法。先在界面右侧的符号大类里找到"地貌土质"→人工地貌→加固陡坎，依序输入陡坎转折点的点号 94、37、36、95、59，选择不拟合，最后用陡坎符号表示出，结果如图 2 - 60 所示。

（三）地貌绘制

在完成前述地物的绘制后，关闭碎部点的点号所在层，然后在"绘图处理"菜单→展高程点→选择 CASS 软件自带的数据文件 STUDY. DAT 后，选择不展绘高程为 0 的点，完成碎部点的展绘，如图 2 - 61 所示，在各碎部点位置右侧，显示出各点的高程值（数据

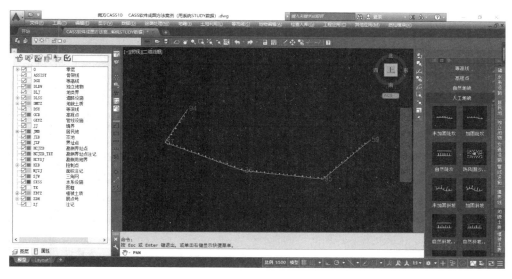

图 2－60　CASS 软件绘制陡坎

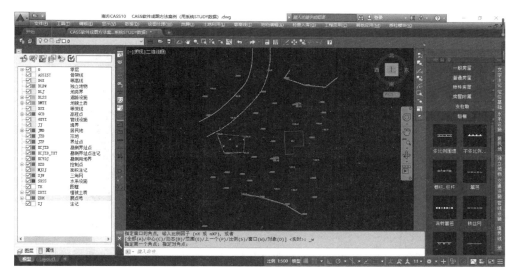

图 2－61　CASS 软件展绘碎部点高程

文件中有点的高程值为 0，未展绘）。

1. 建立 DTM

点击"等高线"下拉菜单→建立三角网（DTM），就是将相邻碎部点相连，构建成三角网形，选择 CASS 软件自带的数据文件 STUDY.DAT，建立的三角网如图 2－62 所示。

软件自行建立的 DTM 有可能与实地不符合，可点击"等高线"下拉菜单→重组三角形，编辑那些不适宜构成三角形的边，重新构建三角形（具体哪些点，依据实地的碎部点情况来进行操作）→修改结果存盘。最后保存重组后的三角形网，如图 2－63 所示。

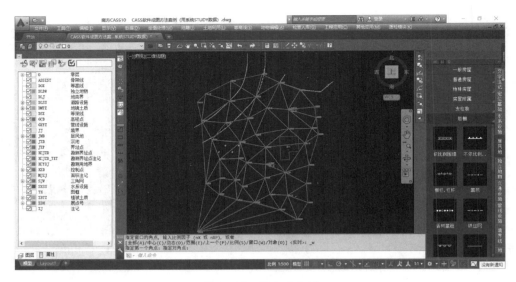

图 2-62　建立三角网

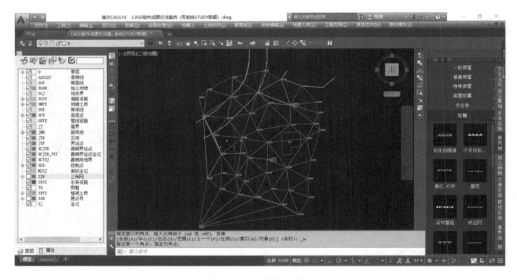

图 2-63　重组三角网

2. 绘制等高线

点击"等高线"下拉菜单→绘制等高线，出现对话框，如图 2-64 所示。

在对话框中，按成图要求，填入等高距、选择等高线相应的拟合方式，点击"确定"，即生成该区域等高线，并选择关闭三角网（SJW）图层，即得该区域初始地形图，如图 2-65 所示。

3. 等高线的注记

为方便使用地形图，快速确定等高线的高程值，要对等高线进行注记，即在某（或某些）等高线上标注其高程值。其操作方法是事先绘制一条从坡下垂直向坡上的辅助直线，然后在"等高线"菜单下→等高线注记→沿直线高程注记→选择只处理计曲线→选择事先绘制的辅助直线，即完成等高线的注记，并自动删除事先绘制的辅助直线，如图 2-66 所示，在高程值分别为 495、500 的两等高线上分别注记有相应的高程值。

4. 精简高程点

对地形图进行高程点精简后，如图 2-67 所示。

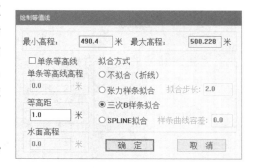

图 2-64　绘制等高线选项

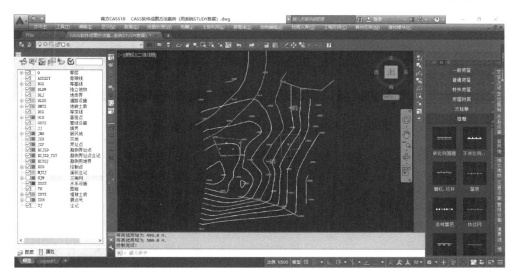

图 2-65　等高线绘制

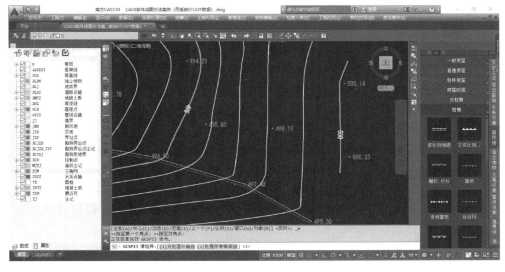

图 2-66　等高线注记

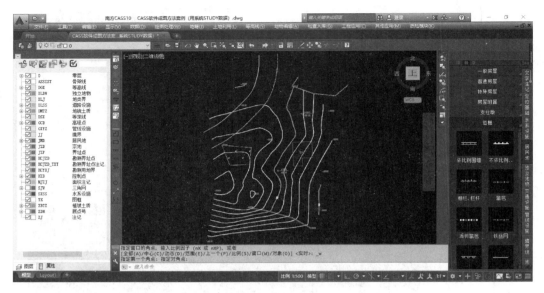

图 2-67 高程点精简

5. 等高线的修剪

在"等高线"菜单下→等高线注记→批量修剪等高线，出现"等高线修剪"的选择框，如图 2-68 所示，选择拟进行等高线修剪的类型。

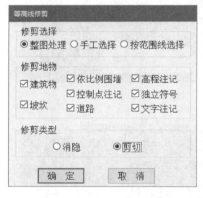

图 2-68 等高线修剪情形选择

对各项确定后，即可对等高线进行修剪，结果如图 2-69 所示，可见步骤 3 中注记的高程值 495、500 及地貌中绘制的房屋，等高线都在该位置处中断。

从图 2-69 可见，等高线仍然穿过道路、菜地，继续进行等高线修剪。点击"等高线"下拉菜单→等高线修剪→切除指定二线间等高线→鼠标分别点击道路的两边→切除穿过道路的等高线；点击"等高线"下拉菜单→等高线修剪→切除指定区域内等高线→鼠标点击房屋边界线→切除穿过房屋等高线；重复这步操作，选择点击穿过菜地边界线，切除穿过菜地等高线；结果如图 2-70 所示。

（四）地形图的检查与修改

地形图勾绘结束后，要进行地形图的检查、校对、修改工作，主要对全部控制资料、地形资料的正确性、准确性、合理性等进行概查、详查和抽查。检查方式有室内检查、巡视检查和设站检查。巡视检查的步骤为：在"地物编辑"下拉菜单中→线型换向→鼠标点击前述绘制的陡坎符号，即可对原绘制的陡坎的加固坡向改变方向。修改后的陡坎如图 2-71 所示，可见，图中的陡坎符号与图 2-60 中的方向相反。

（五）地形图的整饰

地形图的地物绘制、地貌勾绘完成后，要对地形图进行分幅、整饰、出图。

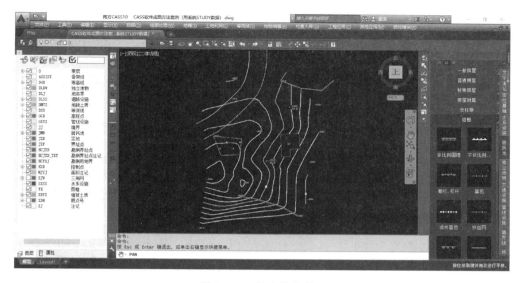

图 2-69　等高线修剪 1

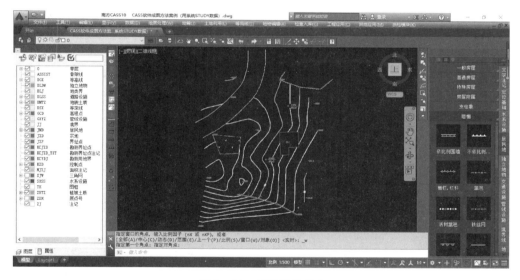

图 2-70　等高线修剪 2

1. CASS 参数配置

在对地形图分幅前，要明确地形图的有关信息，最后反映到每幅图上，即进行地形图的 CASS 参数配置。配置方法为：点击"文件"菜单→CASS 参数配置→图廓属性，调出图廓的信息对话框，在各框内，输入本地形图的密级、测量单位名称、坐标系、高程系、图式、日期等相关信息，并勾选比例尺等，如图 2-72 所示，点击"确定"后，即将输入的有关信息保存。

2. 加方格网

先对测区加方格网。CASS 软件成图的方格网是采用"＋"来表示，纵横向两相邻的

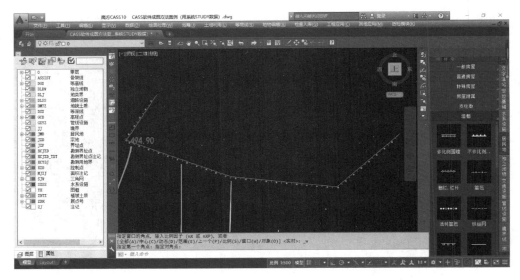

图 2-71 地形图的检查与修改

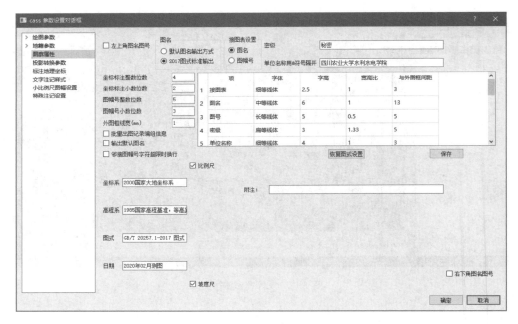

图 2-72 图廓属性

"＋"符号间距表示图纸上 0.10m 的长度。加注方法是点击"绘图处理"下拉菜单→加方格网→测图区域的左下方、右上方分别用鼠标点击一下。操作完成后,在整个测区,纵横坐标都等于图纸上 0.10m 整数倍的所有位置处,软件自动标注上"＋"符号,如图 2-73 所示。通过"＋"符号,可以知道测区分布、范围等情况。

3. 地形图分幅

测区范围一般较大,对测区的地形图要分成多幅地形图才能表示完测区。点击"绘图

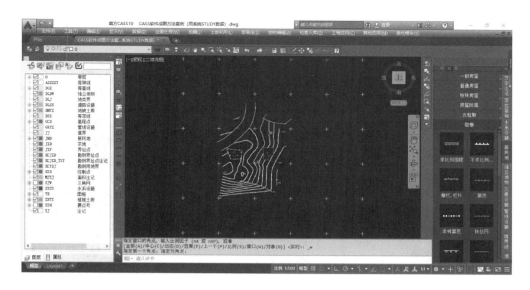

图 2-73　加方格网

处理"下拉菜单→标准图幅（50cm×50cm），弹出对话框，如图 2-74 所示，填入该图幅的图名、接图表上周边图幅的图名（本例测图范围小，无周边图幅）；选择分幅方式（亦即图幅左下角位置的取定方式），然后点击图面坐标拾取按钮，选择一合适的"＋"，点击"确认"，即完成测区的分幅。

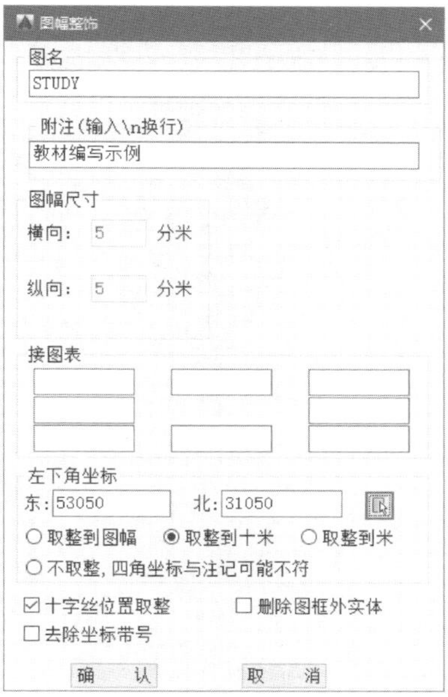

图 2-74　图幅整饰

完成了地形图的分幅工作，即得到各幅地形图，本例的一幅地形图如图 2-75 所示。

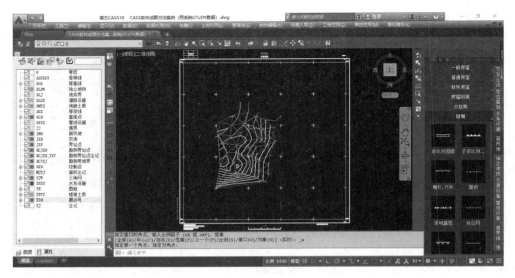

图 2 - 75　　一幅地形图

四、注意事项

（1）CASS 软件安装时要选择版本相匹配的 AutoCAD。

（2）在成图过程中要随时存盘，以防操作不慎导致工作白费。

实验报告 17 CASS 软件数字化成图

指导教师		组次		姓名	
日期					

一、实验内容

二、实验操作步骤

三、南方 CASS 软件使用记录表

数据导出全站仪	操作方法：
数据导入 CASS 软件	操作方法：

续表

	操作方法：
展点	
地物绘制	操作方法：
地貌绘制	操作方法：

四、实验心得

实验 2 - 18 断 面 图 的 绘 制

断面图是表示沿某一方向地面起伏的状态，通常包括纵断面图和横断面图。纵横断面测量的是在线型工程的中线确定之后进行，根据控制点的高程，施测线路中桩的地面高程，中线穿越道路、建筑物、水域、坡坎等地形变化处应加桩。

一、实验目的与意义

在道路、渠道等线型工程设计中，纵断面图反映道路中线上地面的高低起伏和坡度变化情况，是道路纵坡设计、标高设计和填挖工程量计算的重要资料；横断面图是与中线相垂直方向的地面起伏情况，是路基路面横断面设计、土石方量的计算及施工时边桩的放样的依据。断面测量方法目前有水准仪间视法测量、全站仪测量、利用 CASS 软件绘制断面图等。利用 CASS 软件，可以在碎部点成图后，立即在地形图上进行线型工程中线的布置，快速进行纵横断面的绘制。本实验的目的在于理解纵横断面图的概念，掌握利用 CASS 软件绘制断面图的方法。

二、实验任务

在已有的地形图基础上，利用 CASS 软件绘制出沿特定方向的剖面图。

三、操作步骤

1. 确定剖面位置

在利用地形图进行断面图绘制前，首先在图上绘制出线型工程的中心线（即纵剖面的位置，命令行输入 pl，回车，然后依序在中线特征点的各设计位置点击鼠标），得线型工程的中心线，如图 2 - 76 中粗虚线所示。

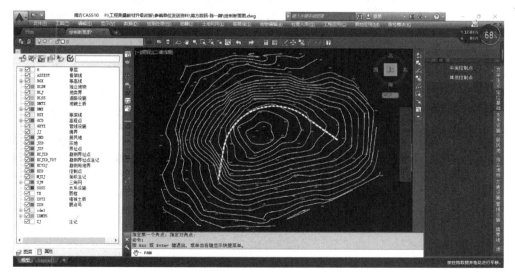

图 2 - 76 线型工程中心线

2. 断面参数确定

点击"工程应用"下拉菜单→绘断面图→根据等高线→按提示选择步骤 1 中绘制的中

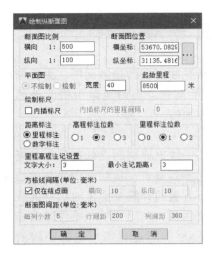

图 2-77 断面参数

心线，调出断面参数输入框→分别输入或确定断面图纵横轴比例尺、断面图位置、起始里程、里程注记、仅在结点画，然后点击"确定"，如图 2-77 所示，即完成断面参数的确定。

3. 断面图的生成

点击确定后，即按步骤 2 中确定的断面参数，绘制出沿中心线的断面，即表示出地表沿线型工程中心线起点开始在中心线上的高低起伏变化，如图 2-78 所示。

4. 绘制横断面

方法与前面绘制纵断面图一致，不同之处就是横断面的方向垂直于中线。

四、注意事项

（1）要按设计的要求，准确定位拟画剖面图的位置。

（2）要按照设计用图的要求，确定剖面图上纵横轴的比例尺。

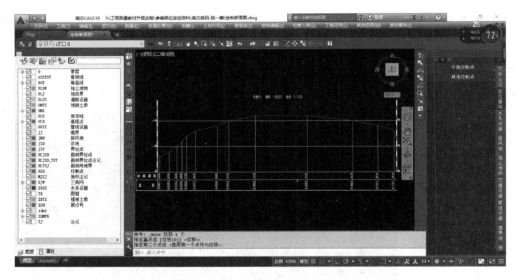

图 2-78 断面图

实验报告 18 断 面 图 的 绘 制

指导教师		姓名		日期	

一、实验内容

二、实验操作方法

实验心得：

实验 2 – 19　全 站 仪 坐 标 放 样

全站仪坐标放样就是建站后选择放样功能，输入拟放样点的点位坐标，依据全站仪计算出的放样数据，找出放样点位的实际位置的工作。

一、实验目的与意义

本实验的目的与意义在于熟悉使用全站仪进行坐标放样的基本原理，掌握采用全站仪进行放样的具体操作步骤。

二、实验任务

（1）学习全站仪坐标放样的基本原理。

（2）利用全站仪进行一条抛物线的坐标放样。

（3）学习检核曲线放样质量的方法。

三、操作步骤

1. 全站仪坐标放样的基本原理

全站仪坐标放样法目前使用较为普遍，其实质就是极坐标放样法，通过全站仪自动计算出全站仪照准已知控制点方向到拟放样点位方向的两方位角差及全站仪点到拟放样点间的水平距离，从而进行放样的方法。如图 2 – 79 所示，A、B 为已知点，拟放样点 P，则由三点的坐标，分别计算出 A 到 B、P 的方位角 α_{AB}、α_{AP} 及 A 到 P 的距离 D_{AP}，放样角度为

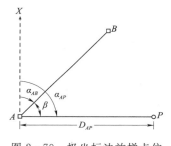

图 2 – 79　极坐标法放样点位

$$\beta = \alpha_{AP} - \alpha_{AB} \qquad (2 - 33)$$

2. 放样步骤

（1）在 A 点架设全站仪，瞄准 B 点，完成建站的相应工作。

（2）调用全站仪的放样功能，输入要放样的点位坐标，由全站仪计算出照准部旋转的角度 β 大小并将照准部旋转到 α_{AP} 方向上，P 点即在视线上。

（3）在 A 到 P 的方向上放样水平距离 D_{AP}（这个距离在输入拟放样点的坐标后，由全站仪自动计算得到），即得 P 点位置。

3. 主要操作步骤

以 NIKON DTM – 452C 全站仪为例，介绍全站仪坐标放样的主要操作步骤。

现有已知控制点 A（647.43，634.52，4.50）、B（913.46，748.63，6.45），在 A 点上架设全站仪，放样点 C（697.52，600.41）。操作步骤如下：

（1）放样之前首先要创建项目、建站，方法同实验 2 – 12 中的一致。

（2）调用放样功能，按 ![SO/8] 键，选择"2.XYZ"，按 ![REC/ENT] 键。

（3）输入放样点 C 的坐标，按 ![REC/ENT] 键，显示如图 2 – 80 所示，显示内容的意思是照准部应逆时针旋转 $57°28'13''$，然后 C 点在该方向上距离全站仪 60.6012m。

（4）全站仪操作人员逆时针旋转照准部，使得第一行的 dHA 尽量接近为 $0°00'00''$，

图 2-80 全站仪显示放样数据

然后指挥立棱镜人员在该方向上离全站仪大致 60m 的位置立上反射棱镜，按![MSR1]键，全站仪屏幕显示如图 2-81 所示。第二行显示"左：0.0000m"的意思是 C 点在全站仪到反射棱镜之间的连线上；第三行显示"远 0.6012m"的意思是要放样的点位于立反射棱镜人员身后 0.6012m 处，立反射棱镜的人员还应后退 0.6012m。

图 2-81 全站仪显示立反射棱镜人员移动距离

（5）全站仪操作人员按照屏幕提示告知立反射棱镜人员的移动方向和移动距离后，再次按![MSR1]，直至屏幕上第二、三行的数据均为 0（只要达到规范要求的精度就可以，不一定必须为 0），反射棱镜杆所在位置即为放样点 C 的位置，即如图 2-82 所示。

4. 练习用坐标放样法放样曲线

（1）任选一控制点作为 A 点，坐标假设为（165，5，500），再任选另一控制点 B 点，以 A 到 B 点的方位角为 $0°00'00''$ 进行建站，放样曲线：$x = 170.0 - \dfrac{y^2}{100}$ 其中 $y \geqslant 0$。

图 2-82 全站仪放样点位完成

（2）放样办法：利用多段折线代替曲线，分别取一系列 y 坐标值（相邻点的 y 差值不能太大，实际工程中，依据放样点位连成的折线段代替曲线的精度，来取定放样点位间距），计算出对应 x 坐标，即得一系列放样点坐标，如表 2-8 所列。

表 2-8   放 样 点 平 面 坐 标 表

y/m	0.0	0.5	1.0	1.5	2.0	2.5	3.0	3.5	4.0	…
x/m	170.0	169.998	169.990	169.978	169.960	169.938	169.910	169.878	169.84	…

放样完一个点后，用粉笔标记。然后放样下一点。最后用粉笔将各放样点连成光滑曲线。

5. 放样检核

在放样的曲线上安置反射棱镜，全站仪退出放样功能，然后测定棱镜所在的曲线点位的坐标，将测得点位坐标的 y 值代入放样曲线，计算得到该值对应的 x 坐标，与实际测得的曲线上点位的 x 坐标进行对比，平面偏差不超限则认为合格。

四、注意事项

（1）放样点位的间距，要事先进行计算，避免间距过大而导致放样点形成的折线段来代替曲线偏差较大。

（2）放样过程中棱镜的对中杆一定要竖直。

实验报告 19　全 站 仪 坐 标 放 样

指导教师		组次		姓名	
日期		仪器		天气	
记录者		观测者		起止时间	

一、实验内容

二、实验操作方法

三、放样点位的实际坐标与设计坐标的对比分析

四、影响测量结果的因素

五、实验心得

实验 2 - 20 GNSS 接收机的认识与使用

卫星导航定位的全称是全球导航定位卫星系统（Global Navigation Satellite System，GNSS），是利用导航卫星建立的覆盖全球、全天候的无线电导航定位系统，泛指所有的卫星导航定位系统。GNSS 系统具有全能性、全球性、全天候、连续性和实时性的精密三维导航与定位功能，具有良好的抗干扰性和保密性，现已广泛应用于工程测量、航空摄影测量、变形监测、资源调查等诸多领域。

一、实验目的与意义

本实验的目的与意义在于认识 GNSS 接收机的结构和各按键的基本功能，学会 GNSS 接收机手簿的一般操作方法，熟悉 GNSS 接收机工作时的基本状态信息。

二、实验任务

（1）认识 GNSS 接收机的结构和各按键的基本功能。

（2）学习 GNSS 接收机手簿的一般操作方法。

（3）了解 GNSS 接收机工作时的基本状态信息。

三、操作步骤

1. 认识 GNSS 接收机

信号接收机主要是接受来自空中卫星的信号，如思拓力 S9 plus 采用全星系设计，支持接收北斗、GPS、Glonass、Galileo、QZSS 等卫星系统信号，内置 Trimble BD970 高精度多星主板，该接收机集成了天线、主板、电台、接收天线、蓝牙模块、电池等组件，移动站完全一体化，只需手簿操作即可工作，如图 2 - 83 所示。

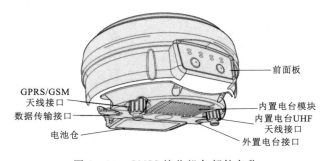

图 2 - 83 GNSS 接收机各部件名称

GNSS 接收机由三个部分组成：顶盖、橡胶圈和主体结构部分，如图 2 - 84 所示。顶盖内置有 GNSS 天线，橡胶圈的作用主要是抗跌落和冲击。接收机前面板包含 2 个按键和 9 个指示灯。接收机底部安装有一个内置电台模块、一个 GPRS/GSM 模块、一块电池和 SIM 卡、MicroSD 卡。其他的部分，如蓝牙、主板、OEM 板卡等均安装在主体结构内。

2. GNSS 接收机的使用

在使用过程中，电台用来传输数据，GNSS 接收机用来观测和计算数据，它们的功能、工作方式、参数等是通过手簿来设置、记录，如图 2 - 85 所示。

（1）首先选择一空旷场地，在地面上选择一固定点。打开三脚架，连接基座，并对

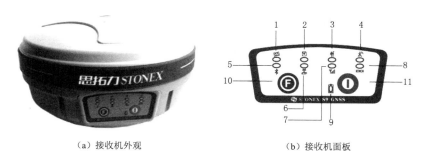

（a）接收机外观　　　　　　　　　（b）接收机面板

图 2-84　GNSS 接收机

1—卫星灯；2—静态指示灯；3—移动站指示灯；4—基站指示灯；5—蓝牙指示灯；
6—内置电台指示灯；7—GSM/GPRS 信号指示灯；8—外置电台数据链指示灯；
9—电源指示灯；10—功能键；11—开关键

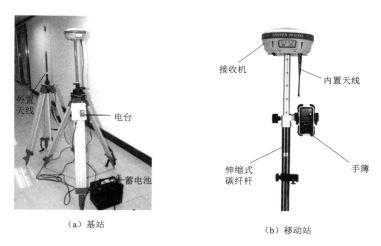

（a）基站　　　　　　　　　　　　（b）移动站

图 2-85　GNSS 接收机连接系统

中、整平；取出 GNSS 接收机天线，将其与基座连接，同时进行相应的电缆连接，量取 GNSS 接收机天线高度；开机，同时观察 GNSS 接收机相应的显示内容，使用手簿进行测站名、天线高、时段号的输入和必要的参数设置。

（2）通过手簿或 S9 助手把接收机设置为基站模式，打开 Xsurvey 软件，新建一个工程，输入工程名，点击确定后的界面如图 2-86（a）所示。蓝牙与仪器的连接，点击蓝牙，如图 2-86（b）所示，选择配置蓝牙设备，选择"添加新设备"，搜索蓝牙设备。如图 2-86（c）所示，在列表中按照序列号选择接收机，蓝牙配对密码为 1234，点击下一步→保存。

（3）如图 2-87（a）所示，点击 com 端口，为接收机配置 com 通道。如图 2-87（b）所示，点击"新建发送端口"，选择要添加的设备。如图 2-87（c）所示，选择端口→完成。在蓝牙设备列表中选择接收机→确定连接。这样就与接收机建立好连接了。连接成功后，接收机的蓝牙指示灯会亮。

（a）选择蓝牙　　　　　（b）配置蓝牙设备　　　　　（c）选择接收机

图 2-86　设置基站

（a）配置 com 通道　　　　　（b）添加设备　　　　　（c）选择端口

图 2-87　连接蓝牙

（4）如图 2-88 所示，按实际情况输入椭球参数、投影参数等信息，点击确定。

（a）参数选择　　　　　（b）椭球参数　　　　　（c）投影参数

图 2-88　参数设置

（5）如图 2-89 所示，按照作业的情况，对地形点、控制点、快速点、连续点测量进行设置，一般采用默认设置。点击"管理"设置工作模式，基准站模式设置。

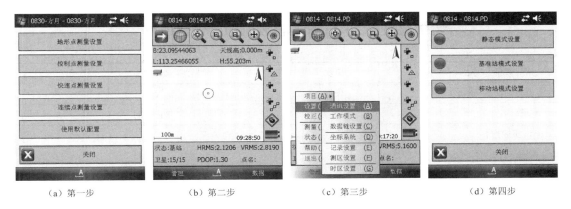

（a）第一步　　　　（b）第二步　　　　（c）第三步　　　　（d）第四步

图 2-89　基准站模式

（6）如图 2-90 所示，移动站设置与基准站设置类似，使用手簿连接移动站接收机，方法参考"蓝牙与仪器的连接"，然后，点击"管理"进行移动站模式设置。

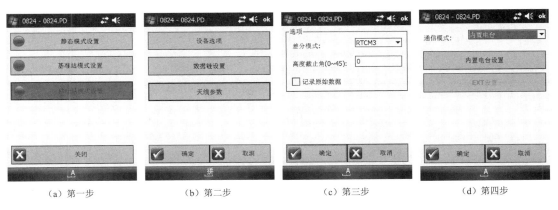

（a）第一步　　　　（b）第二步　　　　（c）第三步　　　　（d）第四步

图 2-90　移动站设置

基准站和流动站安置完毕之后，建立工程或文件，选择坐标系，输入中央子午线经度和 y 坐标加常数，即可利用流动站进行测量。

四、注意事项

（1）基准站应架设在地势较高、视野开阔的地方，避免高压线、变压器等强磁场，以利于信号的传输和接收。

（2）不得在接收机附近使用手机、对讲机等通信工具，以免干扰卫星信号。结束作业时，要先关机、关电台，然后再拆各种连接线。

（3）基准站若是架设在已知点上，要进行严格的对中整平。

实验报告 20 GNSS 接收机的认识与使用

指导教师		组次		姓名	
日期		仪器		天气	
记录者		观测者		起止时间	

一、实验内容

二、主机外观认识

三、测量数据记录表格

GNSS 接收机使用实验报告表

坐标系_____ 测区所在中央子午线_____ 接收机型号_____

基准点点名_____ X＝_____ Y＝_____ Z＝_____ 天线高＝_____

点名	天线高	X/m	Y/m	Z/m	说明

续表

点名	天线高	X/m	Y/m	Z/m	说明

四、不同环境下跟踪卫星情况

五、搜星能力测试分析

六、实验心得

实验 2-21 RTK 碎部测量

实时动态（real-time kinematic，RTK）载波相位差分技术是以载波相位观测值进行实时动态相对定位的技术。其原理是将位于基准站上的卫星定位接收机观测的卫星数据，通过数据通信链（无线电台）实时发送出去，而位于附近的移动站的卫星定位接收机在对卫星观测的同时，也接收来自基准站的电台信号，通过对所收到的信号进行实时处理，给出移动站的三维坐标。

一、实验目的与意义

本实验的目的在于熟悉 RTK 接收机的基本功能，掌握使用 RTK 进行碎部测量的基本操作流程，学会接收机与电脑间的数据传输方法。

二、实验任务

（1）了解 RTK 接收机的基本功能。

（2）熟悉使用 RTK 进行碎部测量的基本操作流程。

（3）学习 GNSS 接收机与电脑间的数据传输方法。

三、操作步骤

本实验以思拓力 S9 为例介绍具体的数据采集操作步骤。

（1）手簿与 RTK 接收机连接后，点击图 2-91（a）主界面上面的"SurPad2.0"软件图标运行软件，首先需要进行仪器参数设置，如选择工作模式的界面见图 2-91（b），一个工程只能对应一个功能模块，可以根据需要测量的信息不同分别选择工程测量、电力勘测、属性采集三种工作模式，本实验选择"工程测量"模式。设置完成后，进入测量界面窗口，该窗口分为主菜单栏和状态栏以及关于、退出，如图 2-91（c）所示。

（a）主界面　　　　　（b）功能模块　　　　　（c）测量界面

图 2-91　GNSS 接收机连接系统

主菜单栏包含所有菜单命令，内容分为 6 个部分：项目、仪器、校正、测量、配置、工具。各项包含的主要内容大致如下："项目"包括对工程项目及数据文件进行管理；"仪器"包括对仪器进行蓝牙连接、控制、仪器参数设置、仪器状态查看等；"校正"包括求解转换参数、七参数、测站校准等；"测量"包括点测量、点放样、道路放样、电力勘测、属性采集等；"配置"包括对坐标系统、系统参数等项目进行集中设置；"工具"包括对道路进行编辑、坐标转换、测量计算等功能，方便测量用户野外工作；状态栏显示的是当前移动站接收机点位的测量坐标信息和差分解的状态，以及卫星颗数、卫星分布因子和平面、高程精度、数据链质量、速度、航向等情况。

（2）点击图 2－91（c）中的"测量"图标进入到点测量界面，如图 2－92（a）所示上面的菜单是对仪器的一些设置和当前图面的放大、缩小、居中、拖动的系列操作，可以按绿色的按钮进行切换，侧面的加号是不同的采集方式，采集数据用的有实时采集、控制点采集（同一个点采集多次求平均值）、连续采集（按步长或时间来采集）、快速采集（采集后直接保存）。对碎部点的测量，手持安置流动站天线的对中杆在碎部点上即可测量，采集后要把点名、天线杆高输入，如图 2－92（b）所示。

（a）数据采集

（b）输入点名、天线杆高

图 2－92　碎部点测量

（3）碎部点测量完成后，需将数据导出。先在电脑上安装连接手簿与电脑的软件，使手簿与电脑建立起连接，然后通过手簿将数据导出，如图 2－93 所示。

（a）选择数据文件

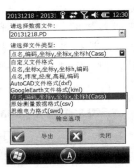

（b）选择输出格式

（c）导出碎部点数据

图 2－93　数据输出

四、注意事项

（1）流动站作业的有效卫星数不宜少于 5 个，PDOP 值应小于 6，并应采用固定解结果。

（2）流动站的初始化，应在开阔的地点进行。作业中，如出现卫星信号失锁，应重新初始化，并经重合点测量检查合格后，方能继续作业。结束前，应进行已知点检查。

（3）碎部测量过程中如果出现基准站位置有变化等提示，通常都是基准站位置变化或电源断开等原因造成，此时需要重新进行点校正。对采集的数据应进行检查处理，删除或标注作废数据、重测超限数据、补测错漏数据。

（4）数据采集时 RTK 跟踪杆气泡尽量保证水平，否则天线几何相位中心偏离碎部点距离过大，精度降低。

实验报告 21　RTK 碎 部 测 量

指导教师		组次		姓名	
日期		仪器		天气	
记录者		观测者		起止时间	

一、实验内容

二、碎部测量流程

三、测量数据记录表格

RTK 碎部测量记录表

点名	X	Y	Z	目标高	属性

点名	X	Y	Z	目标高	属性

四、数据处理

五、影响测量结果的因素

六、实验心得

实验 2-22 RTK 放 样

RTK 是全球导航定位技术在碎部点测量、施工放样工作中的广泛应用，能够达到厘米级的实时定位精度，它的出现极大地提高了碎部测量和放样的作业效率。RTK 碎部点采集的过程同全站仪类似，在各碎部点上采点，存入仪器中，同时绘制碎部点的草图。

一、实验目的与意义

RTK 作为一种使用全球卫星导航定位技术的高精度测量设备，已经广泛应用于道路、桥梁等工程施工，以及大地测量、自然资源调查等诸多领域。本实验的目的在于掌握使用 RTK 进行放样的基本步骤，学会使用 RTK 接收机进行点、直线、曲线的点位放样。

二、实验任务

（1）学习使用 RTK 进行放样的基本步骤。

（2）使用 RTK 接收机独立完成点的放样工作。

三、操作步骤

设计的工程一般由点、线、面、体组成，但在放样过程中一般只放样出代表性的特征点位，这些所放样的代表工程的点称为工程特征点。下面以思拓力 S9 为例介绍使用 RTK 进行放样的基本步骤。

1. 点放样

事先上传需要放样的坐标数据文件，或现场输入放样数据。如图 2-94（a）所示，选择 RTK 手簿中的点位放样功能；现场输入或从预先上传的文件中选择待放样的点，如图 2-94（b）所示，仪器会计算出 RTK 流动站当前位置和目标位置的坐标差值（ΔX、ΔY），并提示放样点位所在的方向，按提示方向移动，即将达到目标点处时，屏幕会有一个圆圈出现，指示放样点和目标点的接近程度，如图 2-94（c）所示，可以设置放样选项如图 2-94（d）所示。

（a）待放样界面

（b）放样点位选择

（c）放样过程界面

（d）放样设置界面

图 2-94 点放样

精确移动流动站，在满足放样精度要求时，在放样处的点位定木桩，然后精确放样、定放样小钉。

2. 直线放样

在电力线路、渠道、公路、铁路等工程的直线段放样过程中，可使用直线放样功能。直线放样是指在直线放样功能下，输入始末两点的坐标，系统自动解算出 RTK 流动站当前位置到已知的设置直线的垂直距离，并提示"左偏"或"右偏"，当 RTK 流动站位于测线上之后，会显示当前位置到线路起点或终点的位置，据此放样各直线段桩位。如图 2-95 所示，放样操作步骤：点击测量→直线放样→从放样库中选择或是新建一条直线，然后放样。

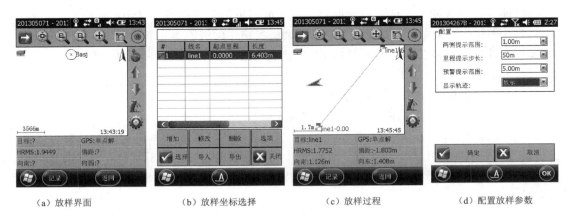

(a) 放样界面　　　　(b) 放样坐标选择　　　　(c) 放样过程　　　　(d) 配置放样参数

图 2-95　直线放样

3. 曲线放样

点击测量→曲线放样→在放样库中选择或新建曲线，如图 2-96 (a) 所示；可以在线型选择中选择直线、圆曲、缓曲，如图 2-96 (b) 所示；设置名称、里程、起点、终点，起点里程界面如图 2-96 (c) 所示。

(a) 待放样界面　　　　(b) 线型选择　　　　(c) 起点里程

图 2-96　曲线放样

点击如图 2-97 (a) 所示测量界面右边按钮功能→设置曲线放样点间距，如图 2-97 (b) 所示→选择曲线特征点，如图 2-97 (c) 所示→输入加桩的里程，如图 2-97 (d)。

（a）测量界面　　　　　（b）桩选项　　　　　（c）点号选择　　　　　（d）加桩

图 2-97　选择曲线

如图 2-98（a）所示，"选择"目标路线，配置界面如图 2-98（b）所示。

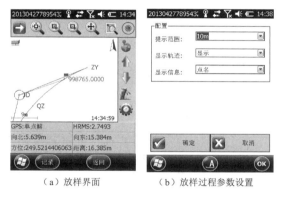

（a）放样界面　　　　（b）放样过程参数设置

图 2-98　曲线配置

四、注意事项

（1）要正确设置和选择测量模式、基准参数、转换参数和数据链的通信频率等，其设置应与参考站相一致。

（2）作业前，宜检测 2 个以上不低于图根精度的已知点。检测结果与已知成果的平面较差不应大于图上 0.2mm，高程较差不应大于基本等高距的 1/5。

实验报告 22 RTK 放 样

指导教师		组次		姓名	
日期		仪器		天气	
记录者		观测者		起止时间	

一、实验内容

二、放样流程

三、测量数据记录表格

RTK 放样记录表

点名	X/m	Y/m	Z/m	是否放样	备注

检核点名	X/m	$\Delta X/m$	Y/m	$\Delta Y/m$	Z/m	$\Delta Z/m$	备注

四、放样草图

五、影响放样精度的因素

六、实验心得

实验 2-23 无人机的认识与使用

无人机是由无线电遥控或由自身程序控制的无人驾驶飞行器。近年来，随着无人机技术和数字摄影测量技术的快速发展，无人机航测技术已经成为一种有效的快速测绘手段，被广泛用于工程建设的勘察工作中。

一、实验目的与意义

本实验的目的在于熟悉无人机的基本结构和工作原理，初步掌握无人机使用的基本步骤。

二、实验任务

(1) 认识无人机的基本结构和工作原理。

(2) 熟悉无人机使用的基本步骤。

三、操作步骤

无人机由陀螺仪（飞行姿态感知）、加速计、地磁感应GPS模块以及控制电路组成，这些部分可以稳定无人机飞行姿态，自动保持飞机的正常飞行姿态，并实现无人机在空中的定点定高、一键自动返航等功能。如图2-99所示为多旋翼无人机。

图 2-99 多旋翼无人机

下面以大疆 Inspire1 型无人机为例，介绍无人机用于地形图测绘的基本使用步骤：

（1）将箱子放在平整地面，将拉链拉至转角后末端（若未拉至转角后末端，易损坏拉链造成箱子损坏）。打开箱子，取出飞行器放置在平整的地面上。大疆 Inspire1 型无人机各种模式下的状态如图2-100所示。

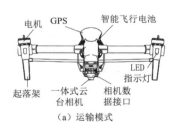
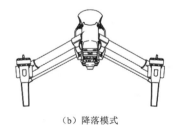
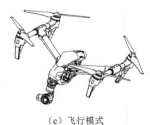

（a）运输模式　　　　　　　　　（b）降落模式　　　　　　　　（c）飞行模式

图 2-100 无人机的模式

（2）如图2-101所示，将电池安装上机体。电池按钮短按一次检查电量；再长按一次2s开启飞机电源。遥控器短按一次、再长按一次2s开启遥控器电源，待遥控器绿灯亮，快速拨动变形开关4次，将飞机运输模式转换为降落模式。转换成功后，对飞机电池按钮短按一次、长按一次2s关闭飞机电源（这个步骤很重要，切勿在通电的情况下进行后续安装云台相机的操作）。

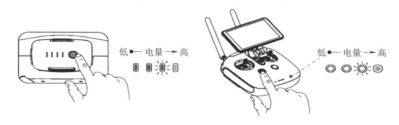

图 2 - 101　无人机的通电检查

（3）将云台相机安装上飞机锁定，将螺旋桨叶片区按有白点和无白点对应安装上飞行器。将下载好 DJI Pilot App 的平板设备用 USB 线连接至遥控器，并将设备固定在支架上。

（4）飞机起飞及降落。启动时，操纵杆向下直至螺旋桨全速旋转，缓慢向上推动摇杆即可起飞，如图 2 - 102（a）所示。飞行器降落时，操作左摇杆向下，临近地面时，摇杆操作幅度逐渐变小，使飞行器平缓降落如图 2 - 102（b）所示。落地后将左摇杆保持向下到底直至螺旋桨停转（约 2s），或待飞行器平缓降落后摇杆向下直至螺旋桨停转。

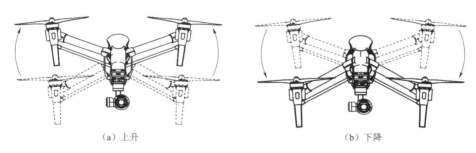

（a）上升　　　　　　　　　　　　　　（b）下降

图 2 - 102　无人机的起降

（5）关闭飞机电源后，拆卸云台相机，盖上保护盖，再开启飞机电源，快速拨动变形开关 4 次，将飞机模式改为运输模式，再关闭飞机及遥控器电源，取出电池，并拆下螺旋桨叶片，将全部部件放回箱子。

四、注意事项

（1）推动摇杆一定要缓慢。

（2）建议用性能好的平板，视野大，视线好。使用前要把平板调成亮度最大，白天因为阳光等影响，屏幕暗不容易看清飞行情况。

（3）为保护相机云台，飞行器在地面时，禁用变形功能。

实验报告 23 无人机的认识与使用

指导教师		组次		姓名	
日期		仪器		天气	
记录者		观测者		起止时间	

一、实验内容

二、无人机外观认识

三、无人机的起飞、降落操作

四、实验心得

实验 2 – 24　无人机外业航飞设计

无人机外业航飞通过无线电遥控设备或机载计算机程控系统进行操控，在飞行过程中通过搭载高分辨率数码相机、激光扫描仪等机载遥感设备获取地面信息。

一、实验目的与意义

本实验的目的与意义在于让学生初步掌握航飞外业设计的方法，掌握使用无人机航测软件进行航飞设计的基本步骤。

二、实验任务

（1）认识无人机航测软件 DJI Pilot App 的界面。

（2）学习使用 DJI Pilot App 进行创建航线、生成测绘区域、设置相机型号及相机参数等基本内容。

三、操作步骤

用户通过 DJI Pilot App 来操作飞行器上的云台和相机，控制拍照、录影以及设置飞行参数。航线规划可以提前在室内完成，具体操作步骤如下：

（1）下载 DJI Pilot，注册后登录进入 DJI Pilot App 主界面，如图 2 – 103 所示。

（2）如图 2 – 104 所示，然后进入飞行任务列表。

（3）如图 2 – 105 所示，点击左上方创建航线。

（4）如图 2 – 106 所示，点击中间的建图航拍模式。

（5）如图 2 – 107 所示，点击生成测绘区域：在地图上点击要航测区域的边界，规划要飞行的区域。

（6）如图 2 – 108 所示，设置相机型号以及相机参数，根据成果要求设置飞行

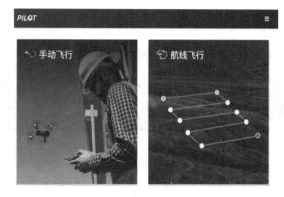

图 2 – 103　主界面

高度和飞行速度。任务完成后设置自动返航，调整好返航高度，返航高度大于等于飞行高度。

图 2 – 104　飞行任务列表

图 2-105 创建航线

图 2-106 建图航拍模式

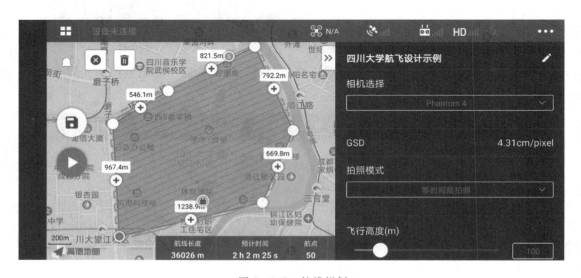

图 2-107 航线规划

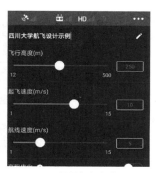

| （a）参数设置 | （b）设置相机型号 | （c）设置相机参数 |

图 2-108　航线规划

四、注意事项

（1）要按照成图比例尺确定飞行参数，确保飞行和影像的质量。

（2）若测区无高清地图，航线规划时参考范围要适当扩大，将需要测量的区域囊括到航测范围内。

实验报告 24 无人机外业航飞设计

指导教师		组次		姓名	
日期		仪器		天气	

一、实验内容

二、无人机航飞设计基本步骤

三、航线设计方案

四、实验心得

实验 2 - 25 无人机航测内业处理

随着倾斜摄影测量技术的成熟，越来越多的地形图测绘（尤其是测区内房屋建筑较多的测绘项目）采用无人机进行倾斜摄影测量、内业借助专业软件来完成地形图的成图工作。

一、实验目的与意义

无人机航测外业资料的内业处理，专业性较强，需要经过系统的训练才能掌握。本实验的目的与意义在于了解航测内业处理的流程，熟悉航测的内业处理中地形图的绘制方法。

二、实验任务

（1）了解 CASS_3D 的安装环境。

（2）掌握 CASS_3D 进行无人机测量内业处理的基本技术与方法。

三、操作步骤

（一）认识 CASS_3D

CASS_3D 是无人机测量内业工作中成熟的基于倾斜三维模型、裸眼 3D 绘图的专业软件，被广泛应用于大比例尺地形图的测绘工作中。CASS_3D 是挂接安装在 CASS 平台的软件，因此安装 CASS_3D 前需确保操作系统内已安装好 AutoCAD 及 CASS 软件。

1. CASS_3D 运行环境

（1）AutoCAD 适配版本：［32 位］CAD2005—2018 版本、［64 位］CAD2010—2020 版本。

（2）CASS 适配版本：CASS7.1/2008/9.2/10.1。

（3）操作系统：Windows7 及以上。

2. 软件安装

软件安装过程中请关闭 CASS，安装失败可尝试右键管理员身份运行。解压 CASS_3D 压缩包，双击解压文件夹内 "Cass3DInstall. exe"，弹出 CASS_3D 安装界面（图 2 - 109）。

依据安装向导提示安装 CASS_3D。若操作系统内安装了多个 CASS 版本，还可选择需安装 CASS_3D 的 CASS 版本（图 2 - 110）。

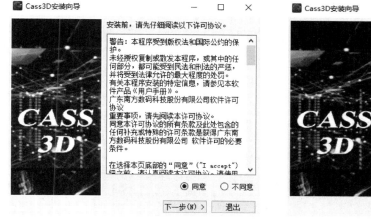

图 2 - 109 CASS_3D 安装界面

图 2 - 110 选择 CASS 版本

3. 软件启动

在嵌入安装到 CASS 后，会出现 CASS_3D 工具条，在加载模型后，其界面如图 2-111 所示。

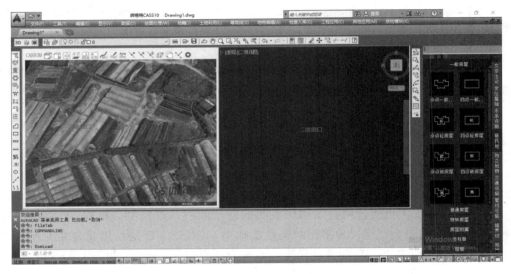

图 2-111 CASS_3D 操作界面

（二）采用 CASS_3D 的内业成图基本操作步骤

1. 加载倾斜三维模型

点击菜单"打开 3D 模型"，在图 2-112 对话框中，选择和瓦片数据同路径下的模型数据（*.xml、*.osgb 等），点击"打开"，进行倾斜三维模型的加载，如图 2-112 所示。倾斜三维模型数据，一般由无人机采集，再由建模软件完成倾斜三维模型数据生成。

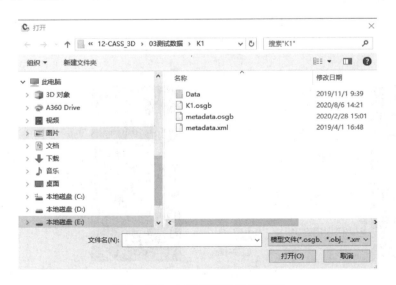

图 2-112 加载模型数据对话框

打开倾斜三维模型数据文件后，模型即加载到软件中，如图 2-113 所示，其左侧三维模型显示区域即显示出加载的三维模型。

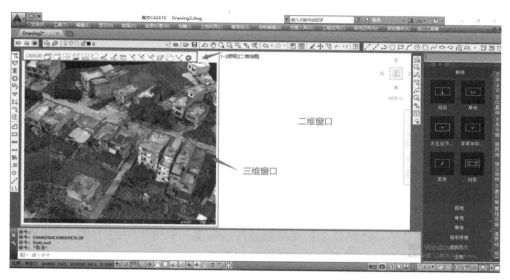

图 2-113 加载后的三维模型

2. 地物绘制

在右侧地物绘制面板，选择多点混凝土房屋，双击符号→在命令行输入 w，进入直角绘房模式→选择三维模型中的房屋，在第一条边的墙面采集两个点，完成定向；接着按住左键顺序旋转模型，按顺序在其他墙面各采集一个点→采集完成，命令行输入 c 闭合，如图 2-114 所示，即绘制完成了该栋房屋的二维平面图。

图 2-114 直角绘房

智能绘房，双击即可自动识别并提取房屋边线成图。操作步骤：点击菜单：CASS3D-

设置→设置"智能绘房"的参数。勾选"双击左键启动"和绘房编码，如图 2-115 所示。

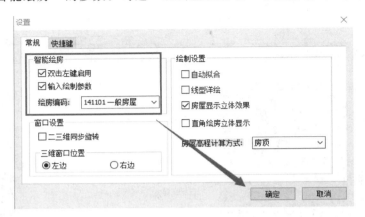

图 2-115 智能绘房设置

　　然后在三维模型上，选择符合智能提取条件的房屋，双击房屋的任意一点。在模型左下角生成缩略图→转动鼠标滚轮，调整提取的范围线→调整到正确位置后，回车确认房屋边线，完成智能绘房，其结果如图 2-116 所示。

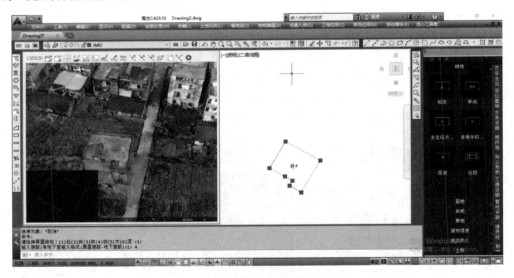

图 2-116 智能绘房

3. 等高线绘制

　　点击菜单：绘制等高线→按命令行提示，设置等高距和固定高程值→在左侧三维窗口逐点绘制等高线，绘制完成按 C 键闭合，并选择拟合方式，如图 2-117 所示。

　　闭合区域提取等高线：在命令行输入 pl 回车，在三维窗口绘制提取范围线，按 C 键闭合→点击菜单"CASS_3D-自动提取等高线"，选择前一步骤绘制完成的范围线，并在弹出的图 2-118 对话框中设置绘制参数，点"确定"，如图 2-118 所示。

　　最后即可自动提取生成前述绘制的范围线内的等高线，如图 2-119 所示。

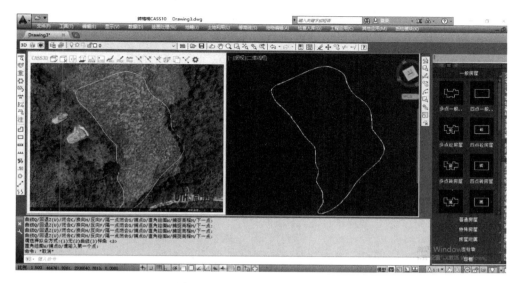

图 2-117　指定高程绘制等高线

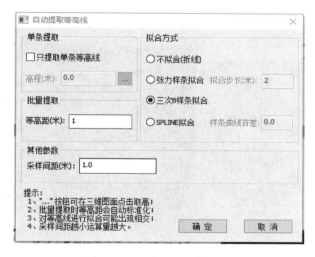

图 2-118　自动提取等高线

4. 高程值采集

地物、等高线绘制完成后，对于一些特殊的区域、地物等，需要标出其高程值。CASS_3D 软件提供单点绘制、线上提取高程点、闭合区域提取高程点三种方式，在倾斜三维模型中采集指定点位的高程值。

（1）单点绘制：在命令行输入 DRAWGCD，回车→在左侧三维窗口，用鼠标点击三维模型中要采集的高程点→右侧二维窗口，自动同步生成高程点。结果如图 2-120 所示。

（2）线上提取高程点：点击菜单"CASS3D-线上提取高程"→在左侧三维窗口，选择待提取的线要素→在弹出对话框中设置提取参数，点确定→自动提取线上节点处高程点，结果如图 2-121 所示。

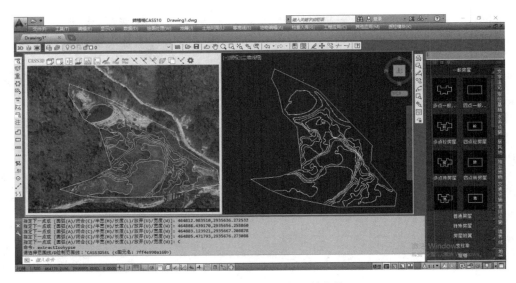

图 2-119 闭合区域提取等高线

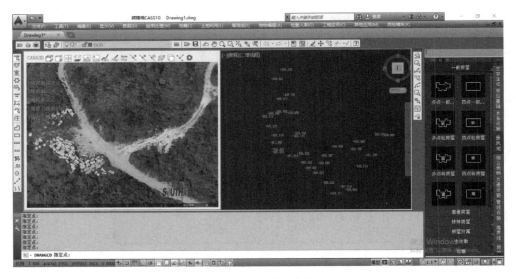

图 2-120 单点绘制

(3) 闭合区域提取：在命令行输入 pl 后回车，在左侧三维窗口绘制范围线，按 C 键闭合→点击菜单"CASS_3D-闭合区域提取高程点"，选择绘制的范围线，在弹出对话框中，设置提取参数，并点击"确定"，软件即在范围线内自动生成高程点，结果如图 2-122 所示。

四、注意事项

(1) CASS_3D 详细的功能介绍、操作步骤、技术交流、软件下载，可到广东南方数码科技股份有限公司南方数码生态圈网站查阅相关资料。

(2) CASS_3D 是挂接安装在 CASS 平台的软件，因此安装 CASS_3D 前需确保操作

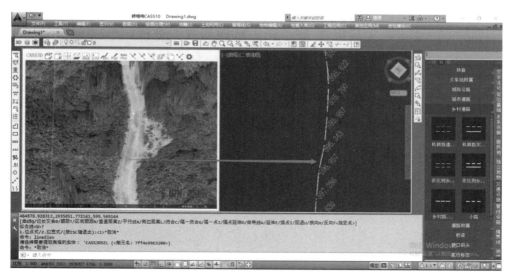

图 2-121　线上提取高程点

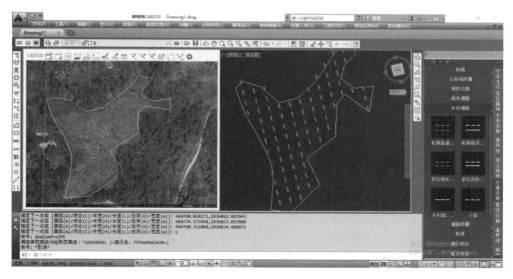

图 2-122　闭合区域提取高程点

系统内已安装好 AutoCAD 及 CASS 软件。

（3）软件安装过程中请关闭 CASS，安装失败可尝试右键管理员身份运行。

实验报告 25　无人机航测内业处理

指导教师		组次		姓名	
日期		记录者		起止时间	

一、实验内容

二、实验设备（环境）及要求

三、内业成图基本操作步骤

四、实验心得

第三章 工程测量综合实习

　　工程测量综合实习是工程测量课程学习的重要组成部分，是课堂理论教学和实验完成之后开展的集理论知识、实验动手能力综合训练与运用的实践教学环节。基于测量实际工作组织的实践内容进行的系统性训练，有助于巩固、拓展和加深课堂理论知识的理解和应用，培养和提高学生独立操作测量仪器、运算和解决测量实际问题的技能。此外，综合实习对提高分析和解决实际问题的能力，培养严谨的工作作风、实事求是的科学态度和团结协作的工作态度都有重要的作用。

一、实习目的

　　测量综合实习是实践性、系统性很强的实践教学环节，要求在具备扎实的测绘理论基础上，进行系统性的实践工作，完成实际的测绘工作。通过综合实习，将已学过的测量基本理论知识、基本实验综合起来进行一次系统的实践操作训练，不仅可以巩固、扩大和加深学生对课堂上所学的理论知识的理解，更能系统地掌握对测量仪器的操作及记录、计算、地形图绘制、相关软件的使用等基本技能，提高测量实际工作的基本技能，丰富实践经验，使学生在测绘工作方面的组织、实施能力得到锻炼，提高学生的独立思考、相互协作和解决实际问题的能力。具体来说，工程测量课程的综合实习教学环节的目的在于：

　　（1）通过综合实习，巩固和深化《工程测量》基本理论知识的理解，熟悉并掌握常规测绘仪器的操作方法，提高常用测量技术、测量仪器的综合运用能力。

　　（2）培养学生规范记录、计算和检核的良好习惯，在测量、记录、计算、绘制、软件操作等各方面得到全面的训练，加强动手能力的培养和锻炼。

　　（3）培养学生严谨、细致、准确的工作作风和科学态度。

　　（4）培养学生良好的专业品质和职业道德，增强测量人员的责任感和测绘工作所必需的团结协作精神。

二、综合实习项目

　　非测绘专业工程测量课程综合实习，根据不同学校、不同专业，教学时间安排上一般有1周、2周的情况，个别学校多至3周。本教材组织了三个综合实习内容，综合实习环节的实施可以从专业要求、时间及设备、实习场地情况，从所组织的内容中选择或组合开展综合实习教学。

　　（1）大比例尺地形图测绘：每组完成一幅1∶500的地形图测绘，内容包括控制点选址、埋点、测量、内业计算、外业测图、内业CASS成图、实习报告的撰写等工作。

　　（2）水准网测量：每组完成不短于3km的四等水准网的水准点选址、埋设、测量、平差、实习报告的撰写等。

　　（3）施工测量：每组一个区域的土石方开挖方量的测量、实验报告的撰写。

综合实习一 1:500大比例尺地形图测绘

一、实习目的与要求

(1) 理解和掌握大比例尺地形图测绘中控制测量的外业工作,包括收集测区资料、踏勘选点、角度测量、距离测量、高差测量等各环节的具体工作。

(2) 掌握控制测量内业计算的基本方法和步骤。

(3) 掌握数字化成图的方法,认识地形图内容的基本构成要素。

(4) 培养学生的动手能力、组织能力、团结协作能力、严格的科学态度和工作作风。

二、实习内容

每小组完成1幅50cm×50cm的1:500的地形图测绘。实习场地最好选在校园内地物类别较多,地形稍有起伏,通视条件较好,人员、车辆来往较少的地方。在测量实习之前,学生应复习教材中的有关内容,认真学习地形图测绘的控制测量外业及内业过程、碎部点测量、CASS软件地形图成图步骤,注意有关事项,并准备好所需文具用品,以保证按时完成实习任务。

每小组4~6人组成实习小组,推选组长1名,负责组内的实习分工和仪器管理工作,并按照指导老师的要求对组员进行考勤管理。组员在组长的统一安排下,分工协作,同心协力完成实习任务。分工时,应确保每项工作都由组员轮流进行,每个组员在各个环节都得到锻炼;同时,班长和学习委员负责协调各组的实习活动。

三、仪器工具

本综合实习各小组领取如下仪器设备:

(1) 全站仪主机1台、配套棱镜2个(带觇牌)、数据线1根、配套脚架3幅。

(2) 铁锤1把、木桩10个、铁钉若干、油性笔1只。

(3) 2m钢卷尺1把、计算器1个、2H铅笔若干支、工具包1个、对讲机3只。

四、技术资料的准备

(1)《工程测量》教材1本。

(2)《工程测量实践教程》1本。

(3)《城市测量规范》(CJJ/T 8—2011)1本。

(4)《国家基本比例尺地图图式 第1部分:1:500 1:1000 1:2000地形图图式》(GB/T 20257.1—2017)1本。

(5)《工程测量标准》(GB 50026—2020)1本。

五、实习内容与具体流程

(一)准备工作

准备工作主要指踏勘测区、仪器准备、资料准备以及其他准备工作。了解测区地形并在测区内踏勘、选点,老师提供的测区内已有控制点位置及坐标数据,学生在测区内选设控制点,布设成闭合导线或附合导线。控制点选定后,钉木桩并在木桩上钉铁钉(若选定的控制点位于混凝土地面,可以在地面上划"+"字作为控制点点位),并用油性笔实地命名,命名可采用SD123字样,即:水电专业、1班、2组、第3个控制点。选点中要注意相邻控制点要相互通视、避免出现长短相差悬殊的情况、尽量覆盖整个测区，便于碎部测量，完成后绘制导线选点略图。

（二）控制测量

1. 平面控制

采用三级导线进行平面控制，作业技术指标见表 3-1。

表 3-1　　　　　　　　　　　　三 级 导 线 技 术 指 标

等级	导线长度 /km	平均边长 /km	测角中误差 /(″)	测距中误差 /mm	测距相对中误差	测 回 数		方位角闭合差 /(″)	相对闭合差
						2″级仪器	6″级仪器		
三级	1.2	0.1	±12	±15	1/7000	1	2	$24\sqrt{n}$	≤1/5000

水平角采用测回法进行观测，其技术要求见表 3-2。

表 3-2　　　　　　　　　　　　水 平 角 观 测 的 技 术 要 求

等 级	仪器精度等级	半测回归零差/(″)	测回内 2C 互差/(″)
一级及以下	2″级仪器	≤12	≤18
	6″级仪器	≤18	—

2. 高程控制

高程控制采用三角高程的方法，与平面控制测量同时进行，采用五等高程控制，其主要技术要求见表 3-3。

表 3-3　　　　　　　电磁波测距三角高程测量的主要技术要求

等级	竖 直 角 观 测				边 长 测 量		对向观测高差较差 /mm	附合或环形闭合差 /mm
	仪器精度等级	测回数	指标差较差 /(″)	测回较差 /(″)	仪器	观测次数		
五等	2″级	2	≤10	≤10	10mm 级	往一次	$60\sqrt{D}$	$30\sqrt{\sum D}$

3. 测量内容

每个导线点上，观测内容为水平角、各方向的竖直角、视线斜边长、仪器高度、各目标的高度。

（三）导线测量内业计算

起算数据由实习指导教师统一给定，内业计算采用平差易软件进行。平差易软件的使用操作步骤及方法可参见《工程测量》教材及本教材的实验 2-15。

（四）碎部测量

用全站仪测量碎部点并将测量的点位坐标存储在全站仪。碎部点的测量，具体操作步骤及方法可参见《工程测量》教材及本教材的实验 2-16。测量时，每位同学轮流测量、跑点和绘制草图，草图上须标注碎部点点号（与仪器中记录的点号对应）及属性。碎部点测量中要注意的是在这次综合实习中，碎部点测量中就只创建项目一次，后续在各控制点上进行的碎部测量，就在该项目内进行建站、测量，测量的碎部点就存储在所创建的项目内。

（五）地形图成图

将全站仪里的碎部点数据导入到 CASS 软件并完成测区地形图的绘制。具体操作步骤及方法可参见《工程测量》教材及本教材的实验 2-17。

（六）地形图检查和修整

地形图完成后，要进行地形图的整饰，注意要求有图名、测图单位（班级组号）、测图时间、坐标系统、高程基准、图式标准、比例尺、观测员、测量员和检查员等信息。为确保地形图的质量，在碎部测量完成后，需要对成图质量进行一次全面检查，分室内检查和室外检查两项，具体检查方法可见《工程测量》教材。

对地形图进行全面整饰、检查后，将整理好的地形图打印输出。

六、注意事项

（1）碎部点数据要做好备份，外业控制测量记录簿要保存好。

（2）小组每个成员应轮流操作，掌握测记法成图的完整流程，每个小组在野外测量时，画一份草图，内页成图时将草图复印，每个成员按照草图完成内业编辑工作。

实习报告　1：500 大比例尺地形图测绘

专　　业：＿＿＿＿＿＿＿＿＿＿＿

班　　级：＿＿＿＿＿＿＿＿＿＿＿

学　　号：＿＿＿＿＿＿＿＿＿＿＿

姓　　名：＿＿＿＿＿＿＿＿＿＿＿

小　　组：＿＿＿＿＿＿＿＿＿＿＿

指导教师：＿＿＿＿＿＿＿＿＿＿＿

综合成绩：＿＿＿＿＿＿＿＿＿＿＿

＿＿＿＿＿年＿＿＿＿＿月＿＿＿＿＿日

一、平面控制布设

进行测区踏勘、控制点的选点工作，选点过程中，逐一绘制各个控制点的点之记；最后完成整个控制网略图的绘制，控制测量后将观测数据以及起始数据标注于图上。

1. 控制网略图

2. 点之记

控 制 点 点 之 记

点号		等级		地类		土质	
点位平面略图				点位剖面略图			
点位位置说明							
通视方向		选点员			选点日期		

控 制 点 点 之 记

点号		等级		地类		土质	
点位平面略图				点位剖面略图			
点位位置说明							
通视方向		选点员			选点日期		

控 制 点 点 之 记

点号		等级		地类		土质	
点位平面略图				点位剖面略图			
点位位置说明							
通视方向			选点员			选点日期	

控 制 点 点 之 记

点号		等级		地类		土质	
点位平面略图				点位剖面略图			
点位位置说明							
通视方向			选点员			选点日期	

控 制 点 点 之 记

点号		等级		地类		土质	
点位平面略图				点位剖面略图			
点位位置说明							
通视方向			选点员			选点日期	

控 制 点 点 之 记

点号		等级		地类		土质	
点位平面略图				点位剖面略图			
点位位置说明							
通视方向			选点员			选点日期	

控 制 点 点 之 记

点号		等级		地类		土质	
点位平面略图				点位剖面略图			
点位位置说明							
通视方向			选点员			选点日期	

控 制 点 点 之 记

点号		等级		地类		土质	
点位平面略图				点位剖面略图			
点位位置说明							
通视方向			选点员			选点日期	

控 制 点 点 之 记

点号		等级		地类		土质	
点位平面 略图				点位剖面 略图			
点位位置 说明							
通视方向			选点员			选点日期	

控 制 点 点 之 记

点号		等级		地类		土质	
点位平面 略图				点位剖面 略图			
点位位置 说明							
通视方向			选点员			选点日期	

二、水平角测量（测回法）

日期：＿＿＿＿＿＿　天气：＿＿＿＿＿＿　记录员：＿＿＿＿＿＿　测量员：＿＿＿＿＿＿

测站	测回	竖盘	目标	读数 /(° ′ ″)	半测回角值 /(° ′ ″)	一测回角值 /(° ′ ″)	各测回均值 /(° ′ ″)

日期：_____ 天气：_____ 记录员：_____ 测量员：_____

测站	测回	竖盘	目标	读数 /(° ′ ″)	半测回角值 /(° ′ ″)	一测回角值 /(° ′ ″)	各测回均值 /(° ′ ″)

日期：＿＿＿＿＿＿＿＿天气：＿＿＿＿＿＿＿＿记录员：＿＿＿＿＿＿＿＿测量员：＿＿＿＿＿＿＿

测站	测回	竖盘	目标	读数/(° ′ ″)	半测回角值/(° ′ ″)	一测回角值/(° ′ ″)	各测回均值/(° ′ ″)

日期：＿＿＿＿＿＿＿天气：＿＿＿＿＿＿＿记录员：＿＿＿＿＿＿＿测量员：＿＿＿＿＿＿＿

测站	测回	竖盘	目标	读数 /(° ′ ″)	半测回角值 /(° ′ ″)	一测回角值 /(° ′ ″)	各测回均值 /(° ′ ″)

日期：＿＿＿＿＿＿　天气：＿＿＿＿＿＿　记录员：＿＿＿＿＿＿　测量员：＿＿＿＿＿＿

测站	测回	竖盘	目标	读数 /(° ′ ″)	半测回角值 /(° ′ ″)	一测回角值 /(° ′ ″)	各测回均值 /(° ′ ″)

日期：＿＿＿＿＿＿　天气：＿＿＿＿＿＿＿　记录员：＿＿＿＿＿＿＿　测量员：＿＿＿＿＿＿

测站	测回	竖盘	目标	读数 /(° ′ ″)	半测回角值 /(° ′ ″)	一测回角值 /(° ′ ″)	各测回均值 /(° ′ ″)

三、边长、三角高程测量记录表

测段	仪器所在点:		仪器高:		棱镜所在点:		目标高:		
	竖盘	竖盘读数 /(° ′ ″)	半测回竖直角 /(° ′ ″)	一测回竖直角 /(° ′ ″)	竖直角 /(° ′ ″)	斜距 /m	平距 /m	球气差改正 /m	高差 /m

测段	仪器所在点:		仪器高:		棱镜所在点:		目标高:		
	竖盘	竖盘读数 /(° ′ ″)	半测回竖直角 /(° ′ ″)	一测回竖直角 /(° ′ ″)	竖直角 /(° ′ ″)	斜距 /m	平距 /m	球气差改正 /m	高差 /m

测段	仪器所在点:		仪器高:		棱镜所在点:		目标高:		
	竖盘	竖盘读数 /(° ′ ″)	半测回竖直角 /(° ′ ″)	一测回竖直角 /(° ′ ″)	竖直角 /(° ′ ″)	斜距 /m	平距 /m	球气差改正 /m	高差 /m

测段	仪器所在点：	竖盘	竖盘读数 /（°′″）	半测回竖直角 /（°′″）	仪器高：	一测回竖直角 /（°′″）	棱镜所在点：	竖直角 /（°′″）	斜距 /m	目标高：	平距 /m	球气差改正 /m	高差 /m
测段	仪器所在点：	竖盘	竖盘读数 /（°′″）	半测回竖直角 /（°′″）	仪器高：	一测回竖直角 /（°′″）	棱镜所在点：	竖直角 /（°′″）	斜距 /m	目标高：	平距 /m	球气差改正 /m	高差 /m
测段	仪器所在点：	竖盘	竖盘读数 /（°′″）	半测回竖直角 /（°′″）	仪器高：	一测回竖直角 /（°′″）	棱镜所在点：	竖直角 /（°′″）	斜距 /m	目标高：	平距 /m	球气差改正 /m	高差 /m

测段	仪器所在点：	竖盘	竖盘读数 /(° ′ ″)	半测回竖直角 /(° ′ ″)	一测回竖直角 /(° ′ ″)	仪器高：	竖直角 /(° ′ ″)	棱镜所在点：	斜距 /m	平距 /m	目标高：	球气差改正 /m	高差 /m
测段	仪器所在点：	竖盘	竖盘读数 /(° ′ ″)	半测回竖直角 /(° ′ ″)	一测回竖直角 /(° ′ ″)	仪器高：	竖直角 /(° ′ ″)	棱镜所在点：	斜距 /m	平距 /m	目标高：	球气差改正 /m	高差 /m
测段	仪器所在点：	竖盘	竖盘读数 /(° ′ ″)	半测回竖直角 /(° ′ ″)	一测回竖直角 /(° ′ ″)	仪器高：	竖直角 /(° ′ ″)	棱镜所在点：	斜距 /m	平距 /m	目标高：	球气差改正 /m	高差 /m

测段	仪器所在点：	竖盘	竖盘读数 /(°′″)	半测回竖直角 /(°′″)	一测回竖直角 /(°′″)	棱镜所在点：	竖直角 /(°′″)	斜距 /m	目标高： 平距 /m	球气差改正 /m	高差 /m
	仪器高：										

测段	仪器所在点：	竖盘	竖盘读数 /(°′″)	半测回竖直角 /(°′″)	一测回竖直角 /(°′″)	棱镜所在点：	竖直角 /(°′″)	斜距 /m	目标高： 平距 /m	球气差改正 /m	高差 /m
	仪器高：										

测段	仪器所在点：	竖盘	竖盘读数 /(°′″)	半测回竖直角 /(°′″)	一测回竖直角 /(°′″)	棱镜所在点：	竖直角 /(°′″)	斜距 /m	目标高： 平距 /m	球气差改正 /m	高差 /m
	仪器高：										

测段	竖盘	竖盘读数 /(° ′ ″)	半测回竖直角 /(° ′ ″)	一测回竖直角 /(° ′ ″)	竖直角 /(° ′ ″)	斜距 /m	平距 /m	球气差改正 /m	高差 /m

仪器所在点：　　　　仪器高：　　　　棱镜所在点：　　　　目标高：

测段	竖盘	竖盘读数 /(° ′ ″)	半测回竖直角 /(° ′ ″)	一测回竖直角 /(° ′ ″)	竖直角 /(° ′ ″)	斜距 /m	平距 /m	球气差改正 /m	高差 /m

仪器所在点：　　　　仪器高：　　　　棱镜所在点：　　　　目标高：

测段	竖盘	竖盘读数 /(° ′ ″)	半测回竖直角 /(° ′ ″)	一测回竖直角 /(° ′ ″)	竖直角 /(° ′ ″)	斜距 /m	平距 /m	球气差改正 /m	高差 /m

仪器所在点：　　　　仪器高：　　　　棱镜所在点：　　　　目标高：

测段	仪器所在点：			仪器高：		棱镜所在点：				目标高：		
	竖盘	竖盘读数 /(° ′ ″)	半测回竖直角 /(° ′ ″)	一测回竖直角 /(° ′ ″)		竖直角 /(° ′ ″)	斜距 /m	平距 /m	球气差改正 /m	高差 /m		

测段	仪器所在点：			仪器高：		棱镜所在点：				目标高：		
	竖盘	竖盘读数 /(° ′ ″)	半测回竖直角 /(° ′ ″)	一测回竖直角 /(° ′ ″)		竖直角 /(° ′ ″)	斜距 /m	平距 /m	球气差改正 /m	高差 /m		

测段	仪器所在点：			仪器高：		棱镜所在点：				目标高：		
	竖盘	竖盘读数 /(° ′ ″)	半测回竖直角 /(° ′ ″)	一测回竖直角 /(° ′ ″)		竖直角 /(° ′ ″)	斜距 /m	平距 /m	球气差改正 /m	高差 /m		

仪器所在点： 仪器高： 棱镜所在点： 目标高：

测段	竖盘	竖盘读数/(°′″)	半测回竖直角/(°′″)	一测回竖直角/(°′″)	竖直角/(°′″)	斜距/m	平距/m	球气差改正/m	高差/m

仪器所在点： 仪器高： 棱镜所在点： 目标高：

测段	竖盘	竖盘读数/(°′″)	半测回竖直角/(°′″)	一测回竖直角/(°′″)	竖直角/(°′″)	斜距/m	平距/m	球气差改正/m	高差/m

仪器所在点： 仪器高： 棱镜所在点： 目标高：

测段	竖盘	竖盘读数/(°′″)	半测回竖直角/(°′″)	一测回竖直角/(°′″)	竖直角/(°′″)	斜距/m	平距/m	球气差改正/m	高差/m

测段	仪器所在点：		仪器高：	棱镜所在点：	目标高：		
	竖盘	竖盘读数 /(° ′ ″)	半测回竖直角 /(° ′ ″)	一测回竖直角 /(° ′ ″)	竖直角 /(° ′ ″)	斜距 /m	平距 /m	球气差改正 /m	高差 /m

测段	仪器所在点：		仪器高：	棱镜所在点：	目标高：		
	竖盘	竖盘读数 /(° ′ ″)	半测回竖直角 /(° ′ ″)	一测回竖直角 /(° ′ ″)	竖直角 /(° ′ ″)	斜距 /m	平距 /m	球气差改正 /m	高差 /m

测段	仪器所在点：		仪器高：	棱镜所在点：	目标高：		
	竖盘	竖盘读数 /(° ′ ″)	半测回竖直角 /(° ′ ″)	一测回竖直角 /(° ′ ″)	竖直角 /(° ′ ″)	斜距 /m	平距 /m	球气差改正 /m	高差 /m

四、控 制 网 平 差

利用平差易软件，对控制网进行平差计算，将平差后的控制点坐标数据，填于下表。

点名	X/m	Y/m	H/m	备注

五、碎 部 点 测 量

简要介绍碎部点测量的心得体会：

六、CASS 软件地形图成图与整饰

简要介绍利用 CASS 软件的地形图成图过程及心得体会：

综合实习二　四等水准网测量

一、实习目的与要求

一般的工程项目建设中，四等水准测量完全可以满足其对高程控制的要求；四等水准测量也是工程建设中经常进行的等级水准测量。

（1）通过综合性实际操作的练习，巩固水准测量的理论知识，熟练掌握四等水准控制测量的水准点选点及埋设、水准测量的相关技术要求、野外测量的操作过程、平差易数据处理等相关内容。

（2）增强学生的动手操作能力，加深对水准测量规范的理解，培养测量工作需要的团队合作精神。

二、实习内容

在测区范围内，由指导教师给定一个高程已知的水准点及其他 3 个高程未知的水准点；另外由各实习小组在合适的地点，至少再选定 3 个水准点并埋设，构成总长度不少于3.0km 的水准网，完成外业施测、内业平差并撰写实习报告。外业施测按照《工程测量标准》（GB 50026—2020）的要求进行，其主要技术要求见表 3-4，具体每站的测量、记录等，参见《工程测量》教材 2.5 三、四等水准测量和本教材的实验 2-3 内容；内业计算采用平差易软件进行，参见《工程测量》教材 6.5 平差易软件及本教材的实验 2-15 内容。

表 3-4　　　　　　　　　　　　四等水准测量的主要技术要求

等级	水准仪型号	水准尺	观测次数		视距/m	路线长度/km	前后视距较差/m	前后视距差累计/m	视线离地面最低高度/m	黑面、红面读数较差/mm	黑面、红面高差较差/mm	往返较差、附合或环线闭合差	
			与已知点联测	附合或环线								平地/mm	山地/mm
四等	DS3、DSZ3	双面	往返各一次	往一次	100	≤16	5	10	0.2	3.0	5.0	$20\sqrt{L}$	$6\sqrt{n}$

三、仪器工具

每个实习小组自备 2H 铅笔、草稿纸、计算器，并领取如下器材：

（1）自动安平水准仪 1 台及脚架 1 幅。

（2）水准尺 1 对。

（3）尺垫 2 个。

四、平差前的数据处理

平差易软件中输入的高差，是两个水准点（即一个测段）之间的高差，而不是输入每测站测得的高差，因此要事先计算出两个水准点间所有测站的高差之和；并在对平差软件进行数据输入之前，绘制出水准网的略图，在图上标明相邻水准点（测段）的路线长度（以 km 为单位）和高差，如图 3-1 所示，以方便平差易软件的数据输入，并将水准网略图插入到最后生成的平差报告中。

五、注意事项

（1）水准点要选定在容易保存、不受交通影响及人为损坏的位置。

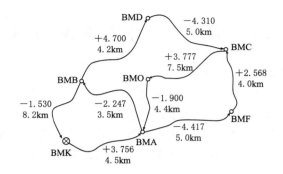

图 3-1 水准网略图

（2）在水准点上不能使用尺垫，在其他转点上要使用尺垫。

（3）记录人员记录前要复诵，避免听错、记错。

（4）施测过程中，要严格按照"步步有检核"的原则进行，确保测量一测站、一测站就合格。

（5）平差易中输入的高差，是两水准点间所测测站的高差之和。

实习报告　四 等 水 准 网 测 量

专　　业：＿＿＿＿＿＿＿＿＿

班　　级：＿＿＿＿＿＿＿＿＿

学　　号：＿＿＿＿＿＿＿＿＿

姓　　名：＿＿＿＿＿＿＿＿＿

小　　组：＿＿＿＿＿＿＿＿＿

指导教师：＿＿＿＿＿＿＿＿＿

综合成绩：＿＿＿＿＿＿＿＿＿

＿＿＿＿＿年＿＿＿＿＿月＿＿＿＿＿日

一、水 准 网 布 设

进行测区踏勘、控制点选点工作，选点过程中，逐一绘制各个水准点的点之记；最后完成整个水准网略图的绘制，外业测量后将各测段的高差、视距标注在略图上。

1. 水准网略图

2. 点之记

水 准 点 点 之 记

点号		等级		地类		土质	
点位平面 略图				点位剖面 略图			
点位位置 说明							
相邻 水准点		选点员			选点日期		

水 准 点 点 之 记

点号		等级		地类		土质	
点位平面 略图				点位剖面 略图			
点位位置 说明							
相邻 水准点		选点员			选点日期		

水 准 点 点 之 记

点号		等级		地类		土质	
点位平面略图				点位剖面略图			
点位位置说明							
相邻水准点			选点员			选点日期	

水 准 点 点 之 记

点号		等级		地类		土质	
点位平面略图				点位剖面略图			
点位位置说明							
相邻水准点			选点员			选点日期	

3．观测记录

四等水准测量记录表

| 测段： | 日期： | 仪器： | 天气： | 成像： |

| 记录者： | 观测者： | 开始： | 结束： |

测站编号	点号	后尺 上丝 / 下丝	前尺 上丝 / 下丝	方向及尺号	水准尺读数 黑面	水准尺读数 红面	黑＋K 一红	平均高差 /m	备注
		后视距	前视距						
		视距差/m	累计差/m						
		（1）	（4）	后	（3）	（8）	（14）		
		（2）	（5）	前	（6）	（7）	（13）	（18）	
		（9）	（10）	后－前	（15）	（16）	（17）		
		（11）	（12）						
				后					
				前					
				后－前					
				后					
				前					
				后－前					
				后					
				前					
				后－前					
				后					
				前					
				后－前					
				后					
				前					
				后－前					

四等水准测量记录表

测段:	日期:			仪器:		天气:		成像:	
记录者:		观测者:		开始:		结束:			

测站编号	点号	后尺 上丝 下丝 后视距 视距差/m	前尺 上丝 下丝 前视距 累计差/m	方向及尺号	水准尺读数 黑面	水准尺读数 红面	黑+K 一红	平均高差 /m	备注
		（1）	（4）	后	（3）	（8）	（14）		
		（2）	（5）	前	（6）	（7）	（13）	（18）	
		（9）	（10）	后一前	（15）	（16）	（17）		
		（11）	（12）						
				后					
				前					
				后一前					
				后					
				前					
				后一前					
				后					
				前					
				后一前					
				后					
				前					
				后一前					
				后					
				前					
				后一前					
				后					
				前					
				后一前					

四等水准测量记录表

测段：		日期：		仪器：		天气：		成像：	
记录者：		观测者：		开始：		结束：			

测站编号	点号	后尺 上丝／下丝	前尺 上丝／下丝	方向及尺号	水准尺读数 黑面	水准尺读数 红面	黑＋K 一红	平均高差 /m	备注
		后视距	前视距						
		视距差/m	累计差/m						
		(1)	(4)	后	(3)	(8)	(14)	(18)	
		(2)	(5)	前	(6)	(7)	(13)		
		(9)	(10)	后一前	(15)	(16)	(17)		
		(11)	(12)						
				后					
				前					
				后一前					
				后					
				前					
				后一前					
				后					
				前					
				后一前					
				后					
				前					
				后一前					
				后					
				前					
				后一前					
				后					
				前					
				后一前					

四等水准测量记录表

测段：		日期：		仪器：		天气：		成像：		
记录者：		观测者：		开始：		结束：				

测站编号	点号	后尺 上丝 / 下丝 / 后视距 / 视距差/m	前尺 上丝 / 下丝 / 前视距 / 累计差/m	方向及尺号	黑面	红面	黑＋K 一红	平均高差 /m	备注
		（1）	（4）	后	（3）	（8）	（14）	（18）	
		（2）	（5）	前	（6）	（7）	（13）		
		（9）	（10）	后一前	（15）	（16）	（17）		
		（11）	（12）						
				后					
				前					
				后一前					
				后					
				前					
				后一前					
				后					
				前					
				后一前					
				后					
				前					
				后一前					
				后					
				前					
				后一前					
				后					
				前					
				后一前					

四等水准测量记录表

测段：			日期：		仪器：	天气：		成像：		
记录者：			观测者：		开始：	结束：				
测站编号	点号	后尺 上丝 / 下丝		前尺 上丝 / 下丝		方向及尺号	水准尺读数		黑+K -红	平均高差 /m	备注
		后视距		前视距			黑面	红面			
		视距差/m		累计差/m							
		（1）		（4）		后	（3）	（8）	（14）	（18）	
		（2）		（5）		前	（6）	（7）	（13）		
		（9）		（10）		后－前	（15）	（16）	（17）		
		（11）		（12）							
						后					
						前					
						后－前					
						后					
						前					
						后－前					
						后					
						前					
						后－前					
						后					
						前					
						后－前					
						后					
						前					
						后－前					
						后					
						前					
						后－前					

四等水准测量记录表

测段：		日期：		仪器：		天气：		成像：			
记录者：		观测者：		开始：		结束：					

测站编号	点号	后尺 上丝 / 下丝	前尺 上丝 / 下丝	方向及尺号	水准尺读数 黑面	水准尺读数 红面	黑+K -红	平均高差 /m	备注
		后视距	前视距						
		视距差/m	累计差/m						
		(1)	(4)	后	(3)	(8)	(14)	(18)	
		(2)	(5)	前	(6)	(7)	(13)		
		(9)	(10)	后－前	(15)	(16)	(17)		
		(11)	(12)						
				后					
				前					
				后－前					
				后					
				前					
				后－前					
				后					
				前					
				后－前					
				后					
				前					
				后－前					
				后					
				前					
				后－前					
				后					
				前					
				后－前					

四等水准测量记录表

测段:		日期:		仪器:		天气:		成像:	

记录者:		观测者:		开始:		结束:	

测站编号	点号	后尺 上丝 下丝 / 后视距 前视距 / 视距差/m 累计差/m	前尺 上丝 下丝	方向及尺号	水准尺读数 黑面	红面	黑+K一红	平均高差/m	备注
		（1）	（4）	后	（3）	（8）	（14）		
		（2）	（5）	前	（6）	（7）	（13）	（18）	
		（9）	（10）	后－前	（15）	（16）	（17）		
		（11）	（12）						
				后					
				前					
				后－前					
				后					
				前					
				后－前					
				后					
				前					
				后－前					
				后					
				前					
				后－前					
				后					
				前					
				后－前					
				后					
				前					
				后－前					

4. 平差过程

简要介绍平差的数据输入方法、平差过程、平差结果、实习心得:

综合实习三　土石方测量

一、实习目的与要求

（1）掌握计算土石方的野外测量的方法。

（2）掌握利用 CASS 软件进行土石方量内业计算的方法。

二、实习内容

对需要计算方量的区域，先测量局部地形图，然后按照需要开挖（整平）场地的基础地面要求，计算出该区域内的土石方开挖（回填）方量。

三、仪器工具

（1）全站仪 1 台及配套脚架 1 幅。

（2）对中杆 2 根（带反射觇牌及棱镜）。

（3）2m 钢卷尺 1 把。

（4）安装有 CASS10.1 软件的电脑 1 台。

四、操作步骤

1. 计量区域的碎部点数据测量

这一步的操作，实质就是对局部区域进行大比例尺地形图测绘中的碎部点坐标数据采集，操作方法可见本教材实验 2-16 和《工程测量》教材 7.3.2 的内容。这里以 CASS 软件自带的 Dgx.dat 数据为例，介绍后续各操作步骤。

2. 确定计算区域

确定计算区域，即是将计算区域内所测量的碎部点从全站仪里导入电脑，并在 CASS 软件里展点出来，然后用一条多段折线将计算区域封闭起来，如图 3-2 所示。

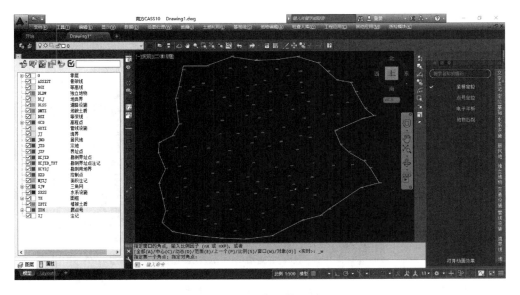

图 3-2　确定计算区域

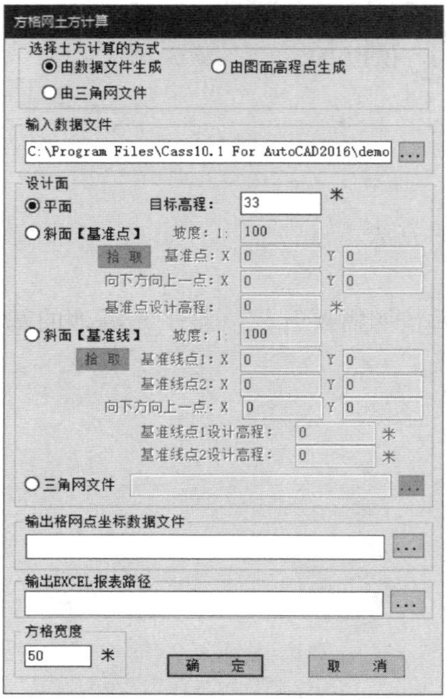

图 3-3 方格网计算方案

3. 选择计算方法

CASS 软件提供的土方计算功能，能快速进行指定范围内的土方计算，其中方格网法、三角网法、断面法应用最为广泛。

方格网法进行土方计算，事先在需要计算的区域内，按方格网上的格点间距，生成方格网，然后根据实地测定的地面碎部点坐标和设计高程，计算各方格的各个格点的地面高程和设计开挖高程，两者相减，即得该格点位置处的开挖或回填的高度，得出一个方格 4 个格点的开挖或回填高度的平均值，乘以该方格的面积，即得该方格范围内的开挖或回填方量，累计计算各方格的开挖或回填方量，即得到指定范围内填方和挖方的土方量，最后绘出填挖方分界线。这种方法，设计的平整面，可以是平面、斜面，也可以是不规则面。

这里介绍采用方格网法进行土方计算的操作步骤。点击 CASS 软件中的“工程应用”菜单→方格网法→方格网法土方计算，按提示，选择第（1）步中绘制的多段封闭折线，调出“方格网法土方计算”对话框，依次选择土方计算的方式（由数据文件生成，选择数据文件 Dgx.dat）、选择设计平面（底部为高程值为 33m 的平面）、输入方格宽度（50m），点击“确定”，如图 3-3 所示。

4. 土方计算

完成步骤 3 后，按提示确定方格的起始位置，直接回车，选择缺省位置，即得计算结果，如图 3-4 所示。

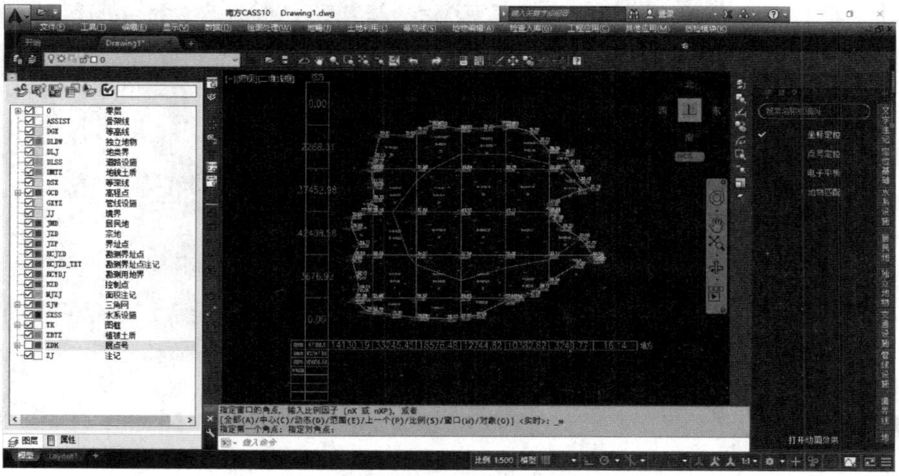

图 3-4 计算结果

　　计算结果显示出每个方格的编号、4 个格点上的地表高程与设计高程及对应的开挖/回填高度、各格网的开挖（用 W 表示）/回填方量（用 T 表示）、开挖边界线，如图 3 - 5 所示，该方格范围内开挖 1449.29m³，回填 2419.14m³，图中方格内的斜线，即为开挖、回填的分界线。

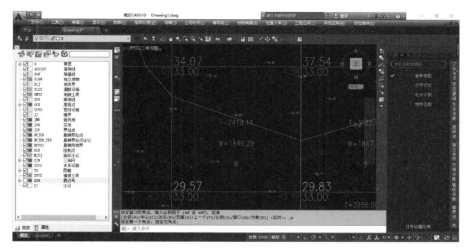

图 3 - 5　单个方格计算结果

　　在计算结果图中，在计算区域左侧竖直绘制一列方格，各格内填上对应行方格的累计开挖方量；在计算区域下方水平绘制一行方格，各格内填上对应列方格的累计回填方量；将开挖/回填方量汇总表示在左侧列方格、下方行方格交会处，即得出该区域内的总开挖/回填方量，如图 3 - 6 所示。

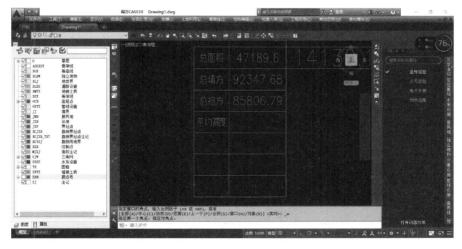

图 3 - 6　区域内总开挖/回填方量

　　至此，即完成了所指定区域，按设计的底部平面进行开挖、回填土石方量计算工作。

实习报告　土 石 方 测 量

专　　业：_____

班　　级：_____

学　　号：_____

姓　　名：_____

小　　组：_____

指导教师：_____

综合成绩：_____

_____年_____月_____日

一、碎 部 点 测 量

如果所涉及的土石方计量区域比较大，可以采用"综合实习一 1∶500 大比例尺地形图测绘"中的方法，先进行区域内的控制网建立、控制测量、平差，然后进行碎部点测量；如果区域比较小，可以采用《工程测量》教材中"7.3.2 全站仪测量碎部点"部分中介绍的方法进行碎部点测量；也可采用本教材"实验 2－12 全站仪坐标测量"介绍的方法，在区域附近已有的控制点上，架设全站仪，进行碎部点的坐标采集。

简要介绍全站仪的建站、碎部点测量过程与方法：

二、碎部点展点

简要介绍从全站仪将碎部点数据导出、利用 CASS 软件进行展点的操作过程：

三、土 方 计 算

利用展的碎部点，假设开挖区域、开挖底部高程，采用格网法计算开挖方量。

介绍利用格网法进行土方计算的过程、影响土方计算精度的因素、实习心得：

参 考 文 献

[1] 肖争鸣. 工程测量实训教程 [M]. 北京：中国建筑工业出版社，2020.

[2] 李会青，陈华安. 工程测量实务 [M]. 北京：北京理工大学出版社，2020.

[3] 张营，张丽丽. 建筑工程测量 [M]. 北京：北京理工大学出版社，2020.

[4] 郭宗河，郑进凤. 工程测量实用教程 [M]. 北京：中国电力出版社，2020.

[5] 李乃稳，鲁恒，杨正丽. 3S 技术在水利科学中的应用 [M]. 北京：中国水利水电出版社，2020.

[6] 刘蒙蒙，李章树，张璐. 工程测量实验与实训 [M]. 北京：化学工业出版社，2019.

[7] 周文国，郝延锦. 工程测量 [M]. 北京：测绘出版社，2019.

[8] 余正昊，范玉红. 数字地形测量实验实习教程 [M]. 北京：人民交通出版社，2019.

[9] 赵玉肖，吴聚巧. 工程测量 [M]. 北京：北京理工大学出版社，2019.

[10] 李章树，刘蒙蒙，赵立. 工程测量学 [M]. 北京：化学工业出版社，2019.

[11] 刘伟，权娟娟. 工程测量项目化教程 [M]. 北京：中国电力出版社，2019.

[12] 覃辉. 土木工程测量 [M]. 上海：同济大学出版社，2019.

[13] 陈竹安. 地籍测量学实习指导书 [M]. 北京：地质出版社，2018.

[14] 吴北平. 测量学实习指导书 [M]. 武汉：中国地质大学出版社，2018.

[15] 张豪. 土木工程测量实验与实习指导教程 [M]. 北京：中国建筑工业出版社，2018.

[16] 王龙洋，魏仁国. 建筑工程测量与实训 [M]. 天津：天津科学技术出版社，2017.

[17] 李泽球. 全站仪测量技术 [M]. 武汉：武汉理工大学出版社，2017.

[18] 王侬，过静珺. 现代普通测量学 [M]. 北京：清华大学出版社，2017.

[19] 赵夫来，杨玉海，龚有亮. 现代测量学实习指导 [M]. 北京：测绘出版社，2017.

[20] 段琪庆，王倩. 土木工程测量 [M]. 北京：科学出版社，2017.

[21] 王朝林. 水利工程测量实训 [M]. 北京：中国水利水电出版社，2017.

[22] 吉力此且，简兴，魏贵华. 工程测量与实训 [M]. 成都：电子科技大学出版社，2017.

[23] 国家基本比例尺地图 1∶500 1∶1000 1∶2000 地形图：GB/T 33176—2016 [S]. 北京：中国标准出版社，2016.

[24] 王宇会. 工程测量实验教程 [M]. 武汉：武汉大学出版社，2016.

[25] 崔立鲁. 工程测量实验指导 [M]. 北京：北京理工大学出版社，2016.

[26] 樊志军. 测量学实验实习指导 [M]. 武汉：华中科技大学出版社，2016.

[27] 赵世平. 数字水准仪、全站仪测量技术 [M]. 郑州：黄河水利出版社，2015.

[28] 肖根如，许宝华，王真祥. GPS 测量与数据处理实习指导书 [M]. 武汉：中国地质出版社，2015.

[29] 王安怡. 测量学精要与实验实习指导 [M]. 南京：东南大学出版社，2015.

[30] 邓念武，张晓春，金银龙. 测量学 [M]. 北京：中国电力出版社，2015.

[31] 金银龙，邓念武，张晓春，等. 测量学习题与实训指导 [M]. 北京：中国电力出版社，2015.

[32] 赵艳敏，杨楠，汪华莉. 建筑工程测量及实训指导 [M]. 西安：西安交通大学出版社，2015.

[33] 孙国芳. 测量学实验及应用 [M]. 北京：人民交通出版社，2015.

[34] 张文君，刘成龙. 工程测量学实践与新技术综合应用 [M]. 北京：科学出版社，2015.

[35] 李吉英，陈淑清. 测量学实验与实习教程 [M]. 济南：山东人民出版社，2015.

[36] 闫玉厚. 测量学实训指导 [M]. 西安：西安交通大学出版社，2015.

[37]　王欣龙. 测量放线工［M］. 北京：化学工业出版社，2014.
[38]　程效军. 测量实习教程［M］. 上海：同济大学出版社，2014.
[39]　王桔林. 工程测量集中实训任务及指导［M］. 湘潭：湘潭大学出版社，2014.
[40]　张正禄. 工程测量学习题集与实习课程设计指导书［M］. 武汉：武汉大学出版社，2014.
[41]　刘文谷. 全站仪测量技术［M］. 北京：北京理工大学出版社，2014.
[42]　王式太，鲁金金. 工程测量实训指导［M］. 北京：中国建筑工业出版社，2014.
[43]　中纬测量系统（武汉）有限公司. 中纬全站仪 ZT20 用户手册 V1.0［Z］. 2014.
[44]　卢修元. 工程测量［M］. 北京：中国水利水电出版社，2014.
[45]　李晓莉. 测量学实验与实习［M］. 2 版. 北京：测绘出版社，2013.
[46]　冷超群，余翠英. 建筑工程测量实训与指导［M］. 北京：测绘出版社，2013.
[47]　杜文举. 建筑工程测量实训［M］. 武汉：华中科技大学出版社，2013.
[48]　张豪. 建筑工程测量［M］. 北京：中国建筑工业出版社，2012.
[49]　刘玉梅. 工程测量实验实习指导与报告［M］. 北京：化学工业出版社，2012.
[50]　郭涛. 地形测量实训指导［M］. 北京：中国水利水电出版社，2012.
[51]　城市测量规范：CJJ/T 8—2011［S］. 北京：中国建筑工业出版社，2011.
[52]　张庆宽. 工程测量实训指导［M］. 北京：中国水利水电出版社，2010.
[53]　国家三、四等水准仪测量规范：GB/T 12898—2009［S］. 北京：中国标准出版社，2009.
[54]　工程测量标准：GB 50026—2020［S］. 北京：中国计划出版社，2020.
[55]　孔祥元，郭际明. 控制测量学（上册）［M］. 武汉：武汉大学出版社，2006.
[56]　周秋生，郭明建. 土木工程测量［M］. 北京：高等教育出版社，2004.
[57]　邹永廉. 土木工程测量［M］. 北京：高等教育出版社，2004.
[58]　张正禄. 工程测量学［M］. 武汉：武汉大学出版社，2004.